L'IMPÔT FONCIER
L'ESPACE RURAL
ET L'ENVIRONNEMENT

Collection Environnement

Ouvrir une collection «Environnement» en sciences sociales est un défi dans la mesure où chacun met sous ce vocable un contenu différent. Il existe pourtant un droit de l'environnement et des programmes de recherches qui s'adressent à des économistes, des sociologues, des politiques, des historiens, des ethnologues.

Ce champ de réflexion traverse en fait l'ensemble des disciplines de sciences et fédère des objectifs plutôt qu'il ne fonde un nouvel objet. Cette situation engendre une grande dispersion des travaux et freine leur diffusion.

Cette collection voudrait y pallier par la publication d'une part de dossiers présentant des recherches approfondies, d'autre part d'ouvrages de portée plus générale destinés à un plus large public.

Maryvonne BODIGUEL

Thierry SCHMITT

L'IMPÔT FONCIER L'ESPACE RURAL ET L'ENVIRONNEMENT

Editions L'Harmattan
5-7 rue de l'Ecole-Polytechnique
75 005 Paris

Collection Environnement

Sous la direction de Maryvonne Bodiguel

Ouvrages parus :

Kiss A. (sous la dir.), *L'écologie et la loi: le statut juridique de l'environnement*, 1989.
Bertolini G., *Le marché des ordures: économie et gestion des déchets ménagers*, 1990.
Collectif, *Pas de visa pour les déchets vers une solidarité Afrique / Europe en matière d'environnement*, 1990.
Reveret J.P., *La pratique des pêches, comment gérer une ressource renouvelable?* 1991.
Mermet L. *Stratégies pour l'environnement, la nature jeu de société?* 1992.
Kalaora B., *Le Musée vert. Radiographie du loisir en forêt*, 1993.
Keller T., *Les Verts allemands, un conservatisme alternatif*, 1993.

Dans la série environnement «dossier»:

Bodiguel M. (sous la dir.), *Produire et préserver l'environnement, quelles réglementations pour l'agriculture européenne?* 1990.
Thebaud-Mony A., *L'envers des sociétés industrielles, Approche comparative franco-brésilienne*, 1991.
Romi R., *Les espaces humides, le droit entre protection et exploitation des territoires*, 1992.

ISBN: 2-7384-2076-1

Depuis plus de dix ans déjà, à l'initiative et sous la direction du Professeur R. HERTZOG, le Centre de Recherches Administratives et Financières de l'Université R. SCHUMAN de Strasbourg (C.N.R.S. U.A.-04.964) poursuit des recherches approfondies sur la question, fort débattue aujourd'hui, de la fiscalité de l'environnement. Ces travaux ont donné lieu à de nombreux rapports et publications. Certains, les plus nombreux, sont indiqués en référence dans le présent ouvrage qui en est l'écho partiel. Dès l'origine, ils ont suscité un grand intérêt auprès du PROGRAMME INTERDISCIPLINAIRE DE RECHERCHE SUR L'ENVIRONNEMENT (Comité Droit, Economie, Sociologie de l'Environnement), lancé depuis plusieurs années par le CENTRE NATIONAL DE LA RECHERCHE SCIENTIFIQUE, qui leur a toujours apporté un soutien scientifique et financier fidèle et croissant. Qu'il en soit ici chaleureusement et sincèrement remercié.

INTRODUCTION

L'impôt et l'espace rural, voilà une association plutôt singulière de deux concepts, le premier juridique, financier et parfois si douloureux, le second historique, géographique, économique, sociologique ou joliment bucolique, qui donc, a priori, ne semblent guère destinés à se rencontrer. Les orbites des planètes respectives de l'homo fiscalus et de l'homo ruralis ne se croisent pas en général.

Et pourtant !

L'espace rural, il faut le définir (1), peut se décrire très sommairement comme l'ensemble des écozones consacrées à l'agriculture et à la foresterie (2). Nous le reconnaissons, cette définition est simpliste sinon tautologique. Elle présente toutefois un mérite, qui est d'unir un cadre, une surface physique (l'espace ne se caractérise-t-il pas d'abord par ses limites, ses frontières) et une activité économique, à la fois la plus ancienne mais aussi l'une des plus innovantes, l'agriculture.

Et en ce sens, elle met discrètement en lumière et en relief un problème théorique majeur pour les sciences de l'homme dans leurs interrogations sur l'environnement et la nature, celui des interactions et des interdépendances entre un secteur économique, une activité humaine, et les milieux, l'espace, le lieu où cette dernière se réalise (3). Car n'est-ce pas derrière ces interactions, derrière ces représentations de l'espace rural, derrière les idéologies qui fondent les politiques publiques dont il est l'objet, que peut-être

---

1. BODIGUEL (M.), *Le rural en question*, Paris, L'Harmattan, 1986, 183 p. L'auteur démontre aisément toutes les incertitudes et toutes les difficultés qui empêchent une définition objective de la notion d'espace rural (v. en particulier pp. 19-51).

2. V. en ce sens, COMMISSION INTERMINISTERIELLE DES COMPTES DU PATRIMOINE NATUREL, *Les comptes du patrimoine naturel*, Paris, Collections de l'INSEE, 1986, n° 137-138, 552 p., en particulier pp. 92-103 et 541.

3. BERTRAND (G.) en apporte une très éclairante démonstration, in *Histoire de la France rurale*, Paris, Le Seuil, 1975, vol. I 620 p., p. 47 et s..

se dissimule la place que notre société réserve à son environnement dans son système de valeur ?

Partons d'une constatation d'évidence. L'espace rural est un espace multipotentiel, un lieu de production, agricole ou industrielle, un lieu de loisir et de repos (chasse, pêche, promenade et autres aménités), un lieu de reproduction d'écosystèmes rares, de refuge de la flore et de la faune sauvage, un lieu d'implantation d'infrastructures économiques de base (transport, énergie) ou d'urbanisation. En tant que tel, c'est par définition un territoire de concurrences ou de convergences sociales qui renvoie à diverses images de la nature.

C'est d'abord un espace de nature domestique, constitué de biens fonciers "appropriés et gérés en vue de leur usage et de leur transmission", par opposition à la nature sauvage, non appropriée, ne relevant pas d'une relation patrimoniale. Il est le "garant matériel de la pérennité du groupe et le support symbolique de son identité" (4), une identité très diverse aurait remarqué F. BRAUDEL (5) ; les agronomes ne distinguent-ils pas près de six cent régions agricoles et les géographes quelque cinq cent régions géographiques (6).

C'est ensuite un lieu de nature industrielle, une nature incorporée à la production, "valorisée ou valorisable par la transformation que lui apporte le travail" ; l'espace rural est un lieu de "valorisation productive de la nature par l'homme" (7).

C'est enfin un lieu de nature marchande, un lieu de concurrence entre les désirs d'appropriation des agents économiques, dont la valeur est déterminée par la rareté relative des biens fonciers au travers de leur transmission par l'échange. L'exode rural,

---

4. GODARD (O.), Jeux de natures : quand le débat sur l'efficacité des politiques publiques contient la question de leur légitimité, in *Du rural à l'environnement*, Paris, L'Harmattan, 1989, 354 p., p. 303, et en particulier p. 314.

5. Par référence au titre donné au premier chapitre de *L'identité de la France*, Paris, ed. France Loisirs, 1987, vol. I 367 p., p. 27.

6. BODIGUEL (M.), op. cité, p. 61.

7. GODARD (O.), art. cité, p. 315.

l'urbanisation sont en ce sens d'abord expression d'une soif de terres.

A ces divers titres, les espaces ruraux sont depuis toujours l'objet de règles juridiques destinées à en régler l'usage ; de ce point de vue, le droit de propriété lui-même, tel qu'il est régi par le Code Civil, peut être entendu comme une forme de police publique ; elle fut d'ailleurs la seule pendant fort longtemps et demeure toujours, dans une mesure d'ailleurs de plus en plus large, à la base de notre organisation sociale. Mais ces espaces sont aussi l'objet de politiques, d'actions publiques, d'aménagement, d'exploitation, de transformation ou de protection, des politiques qui sont en quelque sorte l'expression matérielle de règles juridiques vecteurs privilégiés de la fonction d'arbitrage des personnes publiques, des arbitres qui sont eux-mêmes partie prenante dans l'immense monopoly social.

La gestion des espaces ruraux et naturels se trouve ainsi à la croisée de multiples interventions publiques. On citera pêle-mêle la politique agricole, nationale et communautaire, la protection de l'environnement (sous des formes aussi diverses que la création de parcs naturels nationaux ou régionaux, de réserves naturelles ou d'arrêtés de biotopes), la gestion des eaux et en particulier des nappes phréatiques, la politique des transports, le tourisme ou encore l'urbanisme...

Cette ubiquité de l'espace rural est par conséquent la source d'une nouvelle difficulté. Car devant une telle superposition, de quelle manière évaluer ces politiques qui inextricablement se mêlent l'une à l'autre, s'affrontent, se contredisent ou se confortent ? Quelles sont leurs finalités, leur efficacité, comment ces politiques publiques témoignent-elles, signalent-elles, trahissent-elles la véritable articulation des intérêts publics, en elle-même si révélatrice de l'exacte nature de notre société ? En un mot, que faire pour démêler cet écheveau ?

L'on peut ici avancer une nouvelle évidence. Par définition, toutes les politiques publiques nécessitent des financements. Dès lors, pour l'analyste des actions publiques, les masses financières mises en oeuvre et les complexes circuits qu'elles empruntent ne pourraient-ils constituer d'excellents indicateurs des centres de gravité réels du pouvoir ? N'est-ce pas là que le questionnement des politiques de l'espace rural pourrait prendre pour partie son sens : quelles ressources, quelles dépenses, quels acteurs, quels circuits financiers, quel Etat, en un mot la finance (dans son sens ancien de deniers du roi, et par extension de l'Etat) ne serait-elle pas le révélateur idéal des légitimités sociales dont sont porteuses les actions de la personne publique ?

Si l'idée semble a priori séduisante, elle n'en laisse pas moins rapidement apparaître ses limites. Quiconque s'est un jour essayé à l'exercice sait que l'on se heurte en matière d'argent public à un triple désordre : l'imbrication des politiques publiques se combine en effet à la diversité des intervenants publics et doit faire face au fouillis des modes de financement.

L'embrouillement des responsabilités administratives et corrélativement des financements publics est un trait majeur du système administratif français et le fameux principe de subsidiarité n'y apporte guère de clarté. Au cas particulier, l'ensemble des acteurs de notre dispositif administratif intervient dans la gestion des milieux ruraux et contrôle à ce titre une ou plusieurs sources de financement des politiques à l'oeuvre, des financements qui vont se croiser et s'emmêler en se calquant sur l'imbroglio des compétences juridiques des personnes publiques. Les Communautés Européennes, l'Etat au travers de ses divers départements ministériels, de ses fonds interministériels ou budgets annexes, les collectivités territoriales, les Agences de Bassin, les Parcs Naturels, nationaux ou régionaux, participent tous de ce capharnaüm. Or la pluralité institutionnelle implique nécessairement la variété financière. Cette situation présente d'ailleurs d'incontestables avantages, le premier étant qu'elle tend à favoriser l'acceptation des politiques publiques par les citoyens et renforce la cohésion politique d'une société. Pour le chercheur cependant, l'absence de toute consolidation des comptes publics entraînera d'énormes difficultés dans la recherche d'une appréciation d'ensemble de la gestion publique.

Cette confusion doit elle-même faire face aux difficultés intrinsèques de la matière financière.

L'on se heurte tout d'abord à la diversité des formes d'action financière. Pour le néophyte, ces dernières apparaissent plutôt comme un vaste fourbi (le mot est faible cependant) qui s'étend non seulement à des acteurs multiples dotés de statuts juridiques et financiers divers, mais aussi à la nature des dépenses publiques en cause, à leur régime juridique et aux fonctions qui leurs sont assignées. Dépenses directes de fonctionnement ou d'investissement, prêts (le cas échéant bonifiés), subventions, primes, garanties d'emprunts, dépenses fiscales, tout l'arsenal du financier est employé à plein.

Enfin, et pour couronner le tout, à cela viennent s'ajouter les redoutables obstacles que forment l'imprécision et l'insuffisance des nomenclatures budgétaires qui reposent pour l'essentiel sur des classifications administratives, teintées de quelques touches de fonctionnel. L'objet premier des budgets publics est en effet d'accorder des moyens aux services administratifs. Aussi la présentation des dépenses publiques est-elle en droit comme en pratique presque toujours imparfaite pour nos desseins. Concernant l'Etat par exemple, il faudrait pouvoir analyser dans leur détail les budgets votés de l'Agriculture, de l'Environnement, de l'Equipement, de la Santé, d'autres ministères encore... Le même travail de bénédictin attend l'enquêteur désireux de s'attaquer aux budgets locaux, avec au surplus le handicap de leur dispersion. En outre, les dépenses publiques présentent bien souvent un caractère très ambivalent. Par exemple, dans les crédits ouverts au financement du gel des terres, comment faire le partage entre ce qui relève de la politique agricole et de la politique de l'environnement, surtout lorsque celle-ci est conçue comme un élément de celle-là (8).

Les finances publiques proposent heureusement une autre piste de recherche que les dépenses : pourquoi en effet ne pas tenter d'analyser les politiques publiques et en particulier celles de

---

8. Sur ces points, v. p. ex. BRICOUT (J.L.), DENAT (J.L.), DUCHEMIN (C.), Quinze ans de dépenses publiques pour l'environnement, *Revue Française de Finances Publiques*, 1985, n° 10, p. 5 ; HERTZOG (R.), Finances locales et environnement : quelques réflexions sur un couple méconnu, *Revue Française de Finances Publiques*, 1985, n° 10, p. 23 ; HERTZOG (R.), SCHMITT (T.), Protection des espaces naturels : les moyens financiers et fiscaux à la disposition des différents acteurs publics, in *Survie des espaces naturels*, Madrid, Casa de Velazquez, Ministerio de Agricultura, 1989, 950 p., p. 781.

protection de l'environnement, au travers des ressources financières et en particulier fiscales qui s'y rapportent ?

L'impôt forme en effet un instrument remarquable d'analyse des phénomènes sociaux, susceptible de servir aussi de pierre de touche des politiques de l'environnement. Lucien FEBVRE le pressentait en 1947, l'impôt lui semblait un admirable outil d'investigation, une parfaite sonde des politiques publiques. Car comme le champ d'ondes électroniques de son microscope sert au biologiste à scruter les secrets de la vie, le champ fiscal permet de pénétrer de manières diverses et intimes les arcanes psychologiques, politiques, économiques de notre société (9).

Parce que l'impôt n'a pas qu'un statut purement instrumental, celui de machine "à extraire la pécune des poches marsupiales" (10), ce n'est pas seulement un outil de politique publique ; derrière l'outil se profile toujours la main de l'homme qui l'a créé et qui s'en sert. Comme l'observe O. GODARD, ces outils (des politiques publiques) "engagent plus qu'eux-mêmes : un réseau d'affinités avec certains dispositifs sociaux, certaines représentations de la nature, certains types d'intérêts humains, et certaines conceptions de la société" (11).

Les fiscalistes ne sont pas sans l'ignorer. Tout système fiscal, tout impôt, présente plusieurs niveaux d'étude. L. MEHL et P. BELTRAME, à qui nous emprunterons l'essentiel des lignes qui suivent, en distinguent quatre (12).

Il s'agit en premier lieu du champ normatif car l'impôt est d'abord une règle de droit, une technique juridique de financement des budgets publics ; c'est d'ailleurs sous cet aspect uniquement qu'il est en général appréhendé par les juristes. En tant que tel, il

---

9. FEBVRE (L.), avant propos à l'article de SCHNERB (R.), Les vicissitudes de l'impôt indirect de la Constituante à Napoléon, *Revue des Annales d'Histoire Economique et Sociale*, 1947, p. 17.

10. FEBVRE (L.), art. cité.

11. GODARD (O.), art. cité, p. 305.

12. BELTRAME (P.), MEHL (L.), *Science et technique fiscales*, Paris, P.U.F., 1984, 786 p., p. 204 et s..

fait partie d'un ensemble normatif, le système fiscal, qui lui-même est en interrelation constante avec les autres branches de droit du système juridique national (et même international) dont il constitue un élément. En ce sens, au-delà des problèmes classiques d'appréciation de son fonctionnement et de son évolution technique (qui implique qu'une forte attention soit portée au second champ d'analyse des impositions, le champ organisationnel, administratif), l'application d'une règle fiscale à une personne ou un bien est aussi et d'abord l'occasion d'une confrontation, d'un affrontement avec ces autres règles de droit. Or la mécanique et les effets de cette articulation, positifs ou pervers, d'incitation ou de dissuasion, sur les politiques de protection de l'environnement sont peu ou mal connus. Il ne s'agit là cependant que d'un commencement.

Car en second lieu, l'impôt peut aussi s'appréhender comme un événement économique puisqu'il implique par définition un prélèvement sur le patrimoine ou le revenu des citoyens ou des entreprises, ces fameuses "poches marsupiales". Le système fiscal est donc aussi un sous-système du système économique, qui présente toutefois des caractères bien particuliers dans la mesure où le prélèvement en cause est de nature politique. Il relève ainsi des phénomènes de régulation et d'arbitrage, qui caractérisent l'intervention publique. Ce signe distinctif n'a pas échappé aux économistes s'intéressant aux problèmes posés par la gestion de l'environnement ; pour ces derniers, l'impôt est d'abord, parfois seulement aussi, un outil public classique d'"internalisation des externalités".

Enfin, dans la mesure où l'impôt suscite certaines attitudes, actions ou réactions, certains comportements du contribuable, il apparaît aussi, et peut-être même d'abord, comme un fait social, relevant du champ de la sociologie et de la psychologie. L'impôt en un moment et un lieu donnés ne peut être compris que par référence à la situation sociale afférente à ce temps et ce lieu, qui elle-même résulte d'une longue évolution, du jeu éternel des rapports de force et des compromis sociaux passés. L'impôt n'est jamais sans rapport avec certaines transformations de notre société (13).

Ces aspects n'ont pas échappé aux chercheurs en sciences sociales, en particulier d'abord aux économistes puis plus tard seulement aux juristes. C'est ainsi que depuis une dizaine d'années déjà, de nombreux travaux juridiques ont été consacrés au thème de la fiscalité de l'environnement.

En France, l'idée d'étudier les relations fiscalité-environnement revient à l'origine à H. ISAIA et J. SPINDLER qui, dès 1980, s'étaient demandé dans quelle mesure la fiscalité pouvait inciter ou dissuader des propriétaires fonciers à conclure, avec des organismes publics ou privés, des conventions de gestion destinées à sauvegarder des espaces naturels (14). C'est cependant en 1983 que ce thème de recherche allait être abordé dans sa véritable dimension pluridisciplinaire, lors d'un colloque sur Fiscalité et Environnement (15) où R. HERTZOG dressait pour la première fois un bilan du droit positif (16). Il en profitait pour exposer une idée simple mais fondamentale, celle d'une double liaison entre l'environnement et l'impôt.

L'analyse du système fiscal permet en effet de distinguer tout d'abord un ensemble d'impositions au service de la politique d'environnement développée par les pouvoirs publics, qualifié de fiscalité ***de*** l'environnement. L'impôt a ici un but environnementaliste, soit par l'affectation de son produit à la protection de l'environnement (par exemple les taxes et redevances pour l'enlèvement des déchets, les redevances de pollution perçues par les Agences de Bassin ou l'Agence de l'Environnement, les taxes pour frais de contrôle des installations classées...), soit par

---

13. V. ARDANT (G.), *Théorie sociologique de l'impôt*, Paris, SEVPEN, 1965, 1212 p., p. 5 et s..

14. ISAIA (H.), SPINDLER (J.), Fiscalité et conventions de gestion des espaces naturels, in *Année de l'Environnement*, P.U.F., Paris, 1981, vol. I p. 145.

15. *Actes du colloque Fiscalité-Environnement*, in *Année de l'Environnement*, Paris, P.U.F., 1984, n° spécial, 335 p..

16. HERTZOG (R.), La fiscalité de l'environnement : notion et état du droit positif en France, in *Actes du colloque Fiscalité-Environnement*, op. cité, p. 49.

son action de direction du comportement des agents économiques vers des activités moins polluantes (amortissement massif ou accéléré des équipements de lutte contre la pollution de l'eau ou de l'air, redevances de pollution ou primes de dépollution).

Les politiques de protection des espaces naturels ont parfois fait appel à ce type de mesure.

C'est le cas par exemple de la taxe sur les défrichements, régie par les articles L 314-1 et suivants du Code Forestier, qui manifeste la volonté des pouvoirs publics de contrôler des défrichements souvent anarchiques favorisés par un contexte général de spéculation foncière (17). L'impôt apparaît comme l'auxiliaire de la police administrative des défrichements qu'il vient compléter en alourdissant le coût économique de ces opérations. Le produit de cette taxe est d'ailleurs affecté par l'Etat au financement d'opérations de boisement ou d'aménagement de son domaine forestier. De la même façon, la taxe départementale des espaces naturels sensibles, régie par l'article L 142-2 du Code de l'Urbanisme, est une recette spécialement affectée au financement des politiques départementales de protection de la qualité des sites, des paysages et des milieux naturels (article L 142-1 du Code de l'Urbanisme). On rencontre d'autres exemples allant dans le même sens à l'étranger (18).

La seconde approche du système fiscal dans ses rapports à l'environnement considère la fiscalité et l'environnement dans les liaisons implicites et cachées, positives ou négatives, qui se nouent

17. En ce sens, v. p. ex. les travaux de l'Assemblée Nationale, J.O. débats Assemblée Nationale, 9 décembre 1969, p. 6743 ; v. également, CHARBONNEAU (S.), PADIOLEAU (J.G.), La mise en oeuvre d'une politique publique réglementaire : le défrichement des bois et forêts, *Revue Française de Sociologie*, 1980, p. 49 ; SCHMITT (T.), Fiscalité forestière et protection de la forêt, in SOCIETE FRANCAISE POUR LE DROIT A L'ENVIRONNEMENT, *L'environnement et la forêt*, Trevoux, Publications Périodiques Spécialisées, 1984, p. 196 ; HERTZOG (R.), SCHMITT (T.), Survie des espaces naturels : les moyens financiers et fiscaux à la disposition des différents acteurs publics, art. cité.

18. O.C.D.E., *Politiques de l'agriculture et de l'environnement : possibilités d'intégration*, Paris, Ed. de l'O.C.D.E., 1989, 221 p., en particulier p. 130-131.

entre ces deux domaines, relations que R. HERTZOG classait sous la rubrique "fiscalité *et* environnement".

La conjonction de coordination est ici terriblement significative. Ce que visait R. HERTZOG, c'était les contacts diffus qu'entretiennent notre système fiscal et les politiques de l'environnement, attouchements juridiques et sociaux qui se concrétisent en effets d'incitation ou de dissuasion. L'on cherche donc au travers de la fiscalité *et* de l'environnement à analyser les phénomènes de superposition des règles du droit de l'environnement et du droit fiscal, révélateurs de combinaisons ou contradictions entre des politiques publiques (et les règles juridiques qui en sont les vecteurs formels) à finalité différente.

En effet, plus que toute autre politique publique, celle qui vise la gestion de l'environnement pose de nombreux problèmes de cohérence entre, d'une part les autres actions publiques et d'autre part, les modes de gestion, les comportements sociaux et attitudes locales relatives à l'environnement. Comme le fracassement d'une particule dans un accélérateur laisse entrevoir la structure de la matière, la confrontation des droits, leur affrontement permet de percevoir les représentations sociales, les dispositifs majeurs et les légitimités qui animent les actions collectives, sur lesquels repose la régulation des interactions entre l'homme et les milieux naturels.

L'analyse, la sonde fiscale contribue ainsi à la mise en perspective et donc en cohérence des divers éléments, règles juridiques, phénomènes économiques ou sociaux, a priori hétérogènes, qui caractérisent nos relations à l'espace rural. Et en particulier, pour le juriste, elle permet de dégager les principes qui président au fonctionnement conjoint des ensembles juridiques, droit civil, droit rural, droit de l'environnement, droit fiscal sollicités dans les processus de gestion de l'environnement.

R. HERTZOG suggérait à cet égard deux grandes directions de recherche.

Une première approche de ces phénomènes consistait à examiner le statut fiscal de différents objets du droit de l'environnement en analysant les lieux de recoupement entre les catégories de règles juridiques : les espaces verts, le bruit, les eaux, les gravières. Cette méthode présente toutefois l'inconvénient majeur d'étendre souvent outrageusement le champ de recherche qui se trouve de ce fait vidé de son sens. Ainsi, le statut fiscal des eaux impliquerait l'examen de toute une série de catégories d'impositions dont on ne voit pas toujours très bien quels sont leurs rapports avec l'objet de l'étude. Qu'apporterait par exemple à notre problématique l'étude des eaux au regard de la TVA ?

Une deuxième direction de recherche consistait à choisir "certains groupes d'impôts d'après les domaines auxquels ils s'appliquent, et d'apprécier leurs rapports avec l'environnement, surtout lorsque ces domaines ont quelque relation avec celui-ci. La fiscalité agricole, la fiscalité de l'énergie, de l'urbanisme... constituent ainsi des regroupements de régimes fiscaux applicables à certaines activités auxquelles le droit de l'environnement n'est pas indifférent et qu'il appréhende déjà partiellement" (19).

La plupart des travaux réalisés depuis lors sur la question ont choisi cette orientation qui permettait de fait de mieux cerner la problématique qui leur était sous-jacente (20).

---

19. HERTZOG (R.), art. cité, p. 69.

20. SCHMITT (T.), Fiscalité forestière et protection de la forêt, in *L'environnement et la forêt*, art. cité ; HERTZOG (R.), Finances locales et environnement - Quelques réflexions sur un couple méconnu, *Revue Française de Finances Publiques*, 1985, n° 10, p. 23 ; HERTZOG (R.) et alii, *Taxation for environmental protection. A multinational legal study*, New York, Quorum Books, 1991, 243 p., en particulier pp. 15 à 64 ; ISAIA (H.), SPINDLER (J.), Fiscalité, environnement et régulation du système économique, *Revue Française de Finances Publiques*, 1985, n° 10, p. 69 ; SCHMITT (T.), Fiscalité et environnement : l'impôt, la forêt et le marais, *Revue Française de Finances Publiques*, 1985, n° 10, p. 49 ; SCHMITT (T.), Fiscalité, espace rural et politique de l'environnement, rapport au colloque "La nature et le rural", Association des Ruralistes Français, Strasbourg, 1986, dactyl. 20 p. ; HERTZOG (R.), SCHMITT (T.), Survie des espaces naturels : les moyens fiscaux et financiers à la disposition des différents acteurs publics, art. cité ; SCHMITT (T.), Les fiscalités sectorielles et locale ont-elles des effets néfastes sur les usages et les modes de gestion des espaces naturels ?, in *Le droit et l'environnement*, Paris, Ed. du C.N.R.S., 1990, p. 141 ; SCHMITT (T.), *Cartographie fiscale de l'environnement : l'exemple du Grand Ried Centre Alsace*, rapport de recherche au C.N.R.S. - P.I.R.E.N., octobre 1990, dactyl.

L'analyse du statut fiscal de l'espace rural et forestier paraissait à ce titre particulièrement prometteuse. Ce statut se situe en effet à la croisée des politiques agricoles et environnementales et constitue l'un des facteurs de l'évolution des pratiques d'aménagement et d'équipement.

Les travaux réalisés jusqu'à présent ont permis de constater que le droit fiscal et le droit rural ou forestier se comportaient apparemment comme des alliés objectifs, préconisaient ensemble, en se focalisant sur l'exploitation agricole, l'adoption de modes de gestion à caractère intensif. L'entreprise agricole, entendue comme unité de financement et de production, s'aligne ainsi sur un modèle à structure fortement capitalisée, tout en étant soutenue financièrement et techniquement par les personnes publiques. Sous certaines réserves, elle tend à s'intégrer de plus en plus dans les autres secteurs économiques. Et dans un tel contexte, la terre, l'espace rural, apparaît alors simplement comme un facteur de production parmi d'autres et non plus seulement comme une ressource à mettre en valeur et à conserver.

Il fallait cependant aller plus loin et approfondir l'analyse en dépassant ce stade largement théorique. S'en tenir à un tel niveau de généralités n'est guère satisfaisant si l'on souhaite véritablement dégager par l'impôt interposé les fondations de l'interface agriculture-environnement. C'est dans cette optique que nous avons abordé l'analyse des rapports qui semblent se nouer entre la taxe foncière sur les propriétés non bâties et la gestion de l'espace rural.

Les recherches sur la fiscalité et l'environnement ont en effet toutes souligné la relation forte existant entre la fiscalité locale foncière et la gestion de l'environnement rural, soit que cette fiscalité ait des effets induits ou mal connus, non maîtrisés et souvent pervers, soit qu'on veuille délibérément l'utiliser comme instrument d'orientation de certains comportements. Il restait néanmoins à préciser la nature et l'origine de cette relation. Au-delà de la description des effets doit venir l'explication, ou plutôt les explications. Technique tout d'abord, c'est la plus simple et la plus évidente (et les juristes arrêtent trop souvent là leur questionnement), mais aussi celles qui sont cachées derrière une

---

191 p. ; SCHMITT (T.), Gestion de l'environnement, taxe sur le foncier non bâti et modes de faire-valoir, *Economie Rurale*, 1992, n° 208-209, p. 129.

situation économique, derrière un état d'esprit, celles qui sont enfouies dans les profondeurs des entrailles de notre société, celles qui nous en dévoileront partiellement la complexe structure. *Que dissimule la taxe foncière, quelles sont les relations sociales et économiques qui ont déterminé sa configuration actuelle et ses rapports à la gestion des espaces ruraux. En un mot, de quelle vision de notre environnement, et donc de notre société, de nous-mêmes, la taxe foncière est-elle porteuse ?*

Notre curiosité était d'autant plus excitée que l'accroissement de la pression fiscale sur les propriétés non bâties suscitait aussi des mécontentements de la part des redevables, remuements fiscaux partiellement dûs à l'inadéquation entre l'assiette de l'impôt et les revenus réels, d'où distorsions, inégalités et projet adopté en 1990 de remplacement de l'actuelle taxe foncière par une taxe sur les propriétés agricoles et surtout une taxe sur les activités agricoles assise sur la valeur ajoutée moyenne dégagée par les exploitations (article 48 de la loi de 1990 (21)).

Mais comment réformer la taxe foncière sans s'interroger sur le fonctionnement réel de cet impôt, sur ses moteurs économiques (qui sont peut-être encore à l'oeuvre) et les vicissitudes sociales qui ont marqué sa naissance et sa longue vie ; qu'attendre de cette remise à plat, de ce nouveau replâtrage de la taxe foncière dans un contexte agricole évanescent alors que l'on sait que la réussite de toute réforme fiscale s'explique moins par la dextérité du "doreur de pilules" que par "de subtils encore que brutaux rapports entre les mesures fiscales adoptées au petit bonheur et les situations sociales, les situations économiques et les circonstances tant psychologiques que politiques du moment" (22). En attendant, plus pragmatique, l'administration a, malgré les difficultés de la tâche (23), entrepris une nouvelle révision des valeurs et revenus

---

21. Loi 90.669 du 30 juillet 1990 relative à la révision générale des évaluations foncières des propriétés bâties et non bâties, J.O. 1 août 1990, p. 9271, D.F. 1990 n° 32-38 comm. 1606.

22. FEBVRE (L.), art. cité.

23. En octobre 1992, le Nouvel Economiste rendait compte à ce propos qu'un récent rapport de l'Inspection Générale des Finances aurait recommandé de dessaisir la Direction Générale des Impôts des travaux de révision des revenus

cadastraux (ce qui ne manque pas de jeter quelques doutes sur les intentions réelles de réforme de la taxe foncière (24)).

Cela étant dit, l'étude concrète de ces liaisons sous leurs diverses dimensions restait à faire et ce n'est pas la moindre question car le dessein est vaste et le terrain mouvant. Et puisqu'il vaut mieux d'habitude aller du général au particulier, commençons avec modestie par examiner la nature des rapports qui se nouent entre le système fiscal et l'espace rural.

---

cadastraux (qui au rythme actuel ne seraient achevés qu'en l'an 2000) et de les confier à l'Institut Géographique National ! Le projet de loi sur l'entrée en vigueur de la révision a néanmoins été examiné par le Comité des Finances Locales le 22 avril 1993 (en ce sens, v. les déclarations du ministre des Finances à l'Assemblée Nationale lors de la 1ère séance du 10 juin 1993, J.O. déb. A.N. 11 juin 1993 p. 1337). Toutefois, l'adoption de nouveaux coefficients de majoration des valeurs locatives applicables pour 1994 et 1995 par l'article 40 de la loi de finances rectificative pour 1993, implique que la mise en oeuvre des valeurs révisées, sur la base d'une appréciation au 1er janvier 1990, n'aura lieu, au mieux, qu'en 1996 !

24. Les études de simulation réalisées par l'administration, auxquelles est subordonnée la mise en oeuvre de la réforme de 1990, laissent en effet présager de nombreuses difficultés liées en particulier à la localisation de l'impôt (qui est d'abord une ressource des collectivités locales) et surtout aux transferts de charges qu'impliquerait la taxation de la valeur ajoutée des exploitations agricoles.

PROLEGOMENES

DE L'IMPOT A L'ESPACE RURAL
LA PRIORITE DE L'ECONOMIQUE

S'interroger sur l'intégration des politiques fiscales et rurales dans leur rapport à notre environnement implique de définir au préalable un cadre d'analyse. Car le tableau qui se présente à nos yeux est un peu confus. Le juridique, le social, l'économique s'entremêlent en un noeud que l'épée d'Alexandre aurait bien du mal à trancher ! Essayons donc d'y apporter quelque ordre ; pour cela, partir des structures économiques de notre navire social puis progressivement remonter vers ses haubans fiscaux est une démarche qui s'impose.

CHAPITRE I

SYSTEME ECONOMIQUE, AGRICULTURE ET ENVIRONNEMENT

"L'homme exploite la nature à son profit et toute richesse, toute ressource n'a plus de valeur que par rapport à lui" (25).

Ainsi apparaît l'environnement. Notion équivoque et imprécise, elle rassemble pêle-mêle les milieux, les espèces vivantes, les ressources et certains équilibres biologiques. Elle correspond à une vision juridique et économique anthropocentrique de la nature, qu'exprimait parfaitement l'article 1 de la loi du 10 juillet 1976 (codifié sous l'article L 200-1 du Code Rural) relative à la protection de la nature. Car l'environnement s'analyse d'abord comme le résultat plus ou moins stable de l'interaction de processus naturels et de processus sociaux. Les biens naturels, les espèces vivantes n'ont de sens pour l'homme qu'au travers des usages que ce dernier en retire (26).

Dans une telle vision du monde, la valeur d'un bien naturel ou d'une espèce vivante est dès lors simplement égale à la somme des fonctions que lui reconnaît la société. Reproductibles et multifonctionnels, la valeur d'usage de ces biens est nulle ou infinie, ce qui revient en pratique au même, car son évaluation par les mécanismes du marché est toujours impossible. Plus exactement, le marché, dont les mécanismes reposent sur l'institution de droits de propriétés, ne rend compte de la valeur d'un bien naturel qu'au travers de l'utilité marginale des fractions de ce bien incorporées dans le processus de production ou de façon plus large, dans un réseau marchand. Leur valeur d'usage se confond alors avec leur valeur d'échange.

---

25. BARDE (J.P.), GERELLI (E.), *Economie et politique de l'environnement*, Paris, P.U.F., 1977, 207 p., p. 113.

26. DUPUY (J.P.), L'espace-temps distordu. Pour une théorie des dommages causés à l'environnement symbolique, *Economie de l'environnement*, Paris, Economica (coll. de l'A.F.S.E. n° 8), 1979, 341 p., en particulier p. 118-124.

Cette analyse conduit de façon inéluctable à l'unidimensionnalisation des biens naturels et au travers des préférences des agents économiques à une réduction dramatique de leurs potentialités physiques (27).

La conclusion est paradoxale ; elle participe pourtant directement à l'essence d'un raisonnement néo-libéral pour qui l'environnement n'est qu'un élément exogène au paradigme du marché parfait.

En effet, l'analyse néo-classique considère, dans ses grandes lignes, que la "nature" met à la disposition de l'homme deux types de biens (28).

Il s'agit en premier lieu des biens libres et abondants, l'air, la lumière, l'eau (mais non pas les eaux), "disponibles pour tous ou dont la disponibilité se trouve en dehors du pouvoir humain" ; ils sont par définition étrangers à toute forme de régulation marchande puisqu'ils ne peuvent être possédés individuellement.

S'opposant aux premiers, elle distingue d'autre part des biens rares, appropriables et échangeables, "pour lesquels l'attribution de droits de propriété ou d'usage donne lieu à la création d'un marché" ; l'intensité d'utilisation et l'allocation de ces biens entre agents économiques est assuré par l'échange marchand.

L'analyse néo-libérale implique de ce point de vue une dialectique constante entre l'économie et le droit.

Pour le juriste comme pour l'économiste néo-libéral, l'environnement, qui, en tant qu'ensemble de relations et d'équilibres complexes entre l'homme et ce qui l'entoure, implique une vision globale et qualitative des biens qui en sont les composantes, n'existe pas en lui-même, comme une substance, comme un concept juridique objectif c'est à dire objet ou sujet de droits ou d'obligations spécifiques. "L'environnement se caractérise

---

27. DESAIGUES (B.), TOUTAIN (J.C.), *Gérer l'environnement*, Paris, Economica, 1978, 324 p., p. 10 et s..

28. GODARD (O.), Autonomie socio-économique et externalisation de l'environnement : la théorie néo-classique mise en perspective, *Economie Appliquée*, 1984, vol. XXXVII, n° 2, p. 315.

par certains éléments de nature incorporelle, qu'il s'agisse de concepts scientifiques (espèce, écosystème, processus écologique), de notions culturelles (paysage, patrimoine) ou de notions relevant à la fois de concepts scientifiques et culturels (site). Ces éléments sont inconnus du droit des biens, voire du droit en général" (29). Le droit des biens, qui conditionne l'exploitation humaine des choses, de la nature, n'a pas été conçu pour définir ou qualifier les interrelations existant entre ces choses et entre ces dernières et l'homme. Les éléments de l'environnement ne sont jamais que des objets de droits, des objets sur lesquels l'homme exerce un droit ou qui en sont le support nécessaire. Le sol est un immeuble susceptible de propriété, l'eau, une res communis c'est à dire une chose dont l'usage est commun à tous, mais les eaux sont soit un immeuble (lac, étang), soit un bien meuble fongible lorsque l'eau est détachée de la masse aquatique à laquelle elle appartenait (par la mise en bouteille par exemple). Les plantes sont des immeubles tant qu'elles sont enracinées dans le sol qui les a vues naître, mais des meubles lorsqu'elles en sont détachées (selon l'article 521 du Code Civil par exemple, un arbre se transforme ipso facto en meuble dès qu'il est abattu, ce qui est peut-être aller un peu vite en besogne). Quant au petit lapin que guette le chasseur, c'est une res nullius c'est à dire une chose, meuble puisque le lapin bouge et saute, sans maître (et pour cause), appropriable par simple occupation, en l'occurrence le coup de fusil qui le transformera en futur civet. Certes, en définissant les choses comme des biens, qui sont des artefacts juridiques, en les rangeant dans des catégories qu'il a prédéterminées, en les faisant entrer dans son monde abstrait c'est-à-dire en les transformant en concepts juridiques maniables et manipulables par l'office de la très sainte qualification juridique, le droit a généralement tenu compte d'une partie de la réalité physique de ces choses. Mais surtout, et cela résulte de la nature ethnocentrique du droit, "seuls les aspects de cette réalité qui paraissaient utiles aux relations économiques et sociales ont été

---

29. KISS (A.) (sous la direction de), *L'écologie et la loi : le statut juridique de l'environnement*, Paris, L'Harmattan, 1989, 391 p., p. 97 ; v. également EDELMAN (B.), HERMITTE (M.A.) sous la direction de, *L'homme, la nature et le droit*, Paris, Bourgois, 1988, 392 p..

pris en considération. La réalité écologique est souvent ignorée par les catégories juridiques" (30).

Dans ces conditions, ni le marché, ni le système juridique ne peuvent, par définition, médiatiser toutes les interdépendances entre agents économiques liées au caractère multi-fonctionnel des biens en cause. Comme l'observe O. GODARD, certains biens rares ne sont pas l'objet de droits de propriété individuels, sont hors régulation marchande, mais leur usage fait l'objet d'une compétition entre agents ; ou encore, des biens possédés privativement sont porteurs d'effets imposés aux tiers en dehors de l'échange volontaire.

Ces interdépendances entre agents non médiatisées par le marché, par l'échange marchand, forment les effets externes, conçus comme un désordre, un gaspillage, une mauvaise allocation des ressources économiques. La recherche de l'équilibre économique impliquera la résorption de ces effets externes, leur internalisation c'est à dire leur prise en compte dans les coûts.

Une telle vision réductionniste de l'environnement ne résiste cependant pas à l'analyse.

En premier lieu, il convient d'observer que l'internalisation n'est généralement que partielle ; l'objectif ne sera pas d'éviter toute pollution d'un milieu mais de déterminer un niveau de pollution optimal, celui où est assurée l'égalité entre le dommage social marginal et le coût marginal de diminution de la pollution. Les modes les plus courants d'internalisation consistent en général en l'édiction de normes juridiques de comportement par la puissance publique, où encore l'institution de taxes (le fameux principe pollueur-payeur) qui elles-mêmes financent souvent le versement de subventions. Leur but sera de réguler divers comportements économiques ou sociaux en vue de gérer, préserver ou améliorer certains biens collectifs définis par les autorités publiques. L'ensemble de ces normes peut être regardé comme formant le droit de l'environnement.

Surtout, ce schéma économique refoule tout ce qui fait la complexité des rapports qui se nouent entre les hommes et entre

30. KISS (A.) et alii, op. cité, p. 52.

ces derniers et les milieux biophysiques, tout ce qui est difficilement quantifiable, global, qualitatif, collectif, qui fait qu'un processus est reproductible, instable ou irréversible... Il repose implicitement sur le postulat de l'exploitation, de la domination, de la nature par l'homme alors que les processus écologiques sont essentiellement des processus de régulation, de reproduction, de recherche de la stabilité et de l'équilibre dans le mouvement.

Si l'on y réfléchit avec un esprit un tant soit peu critique, on s'aperçoit ainsi que la stabilité du système économique assurée par l'allocation de droits de propriétés sur l'environnement et éventuellement certains mécanismes d'internationalisation des coûts externes, dépend dans une très large mesure de l'instabilité, de la destruction nette de l'environnement qu'implique cette appropriation ; une telle analyse oublie malheureusement que, par définition, le système économique, dans sa dimension matérielle, est d'une manière incontournable tributaire de son milieu biophysique englobant, dont justement l'existence d'interdépendances non marchandes entre agents constitue la meilleure preuve. L'environnement n'est pas un élément exogène à l'économique, il est en réalité, avec toute sa complexité, la base matérielle de toute activité humaine.

La poursuite d'un tel type de développement économique fondé sur l'altération de ses fondations écologiques est très logiquement à l'origine de dysfonctionnements de plus en plus graves de notre sphère écologique. Cette "crise de l'environnement peut être comprise comme une crise de la reproduction de certaines ressources naturelles" dont la maîtrise va devenir une question économique (31). "L'altération de l'environnement biophysique, des processus de reproduction écologique, des valeurs d'usages non marchandes, d'aménités de toutes sortes a pour conséquence de créer de nouveaux marchés pour divers ersatz destinés à combler les béances et les pertes que la dynamique marchande occasionne dans son mouvement d'externalisation... " (32) ; pire encore, s'appuyant sur les progrès considérables des sciences, et de la

---

31. COUJARD (J.L.), Equilibre, crise, reproduction, *Economie appliquée*, 1984, vol. XXXVII, n° 2, p. 347, en particulier p. 354.

32. GODARD (O.), art. cité, p. 338.

biologie en particulier, notre société en vient à soumettre à la logique des affaires des processus et des valeurs jusqu'à présent hors de tout commerce juridique (que l'on pense par exemple aux problèmes posés par la brevetabilité de certains mécanismes biologiques ou plus tristement à la mercantilisation du corps humain au travers de ces honteux marchés d'organes humains ou encore de la reproduction, et aux atroces trafics qui y sont parfois attachés !), évolution qui secoue notre humanisme juridique jusque dans ses ultimes tréfonds (33) et à laquelle les législations dites de bioéthique tâchent d'apporter une réponse bien modeste.

Le poids croissant des contraintes écologiques et des irréversibilités rend cependant de plus en plus incertain la poursuite de cette folle stratégie économique. Ne sont-elles pas de nature à mettre à terme en cause la viabilité de ce type de développement et la survie de nos civilisations mercantiles ? Car le réseau marchand n'englobe pas toutes les interdépendances sociales, il n'appréhende que les relations régulées par le commerce, qui, dans l'analyse économique néo-classique, conduit à ce que les milieux physiques soient réduits (et détruits), au travers de l'appropriation des ressources, à la notion de capital productif et de valeur échangeable.

Du point de vue juridique, le droit de propriété individuel assurera l'insertion de la nature dans le processus économique en lui attribuant une valeur monétaire correspondant à sa valeur d'échange économique. Cette valeur est déterminée pour l'essentiel par les deux avantages que confèrent le droit de propriété à son titulaire, l'exclusivité de l'usage du bien et sa libre transférabilité, l'usus, le fructus et l'abusus des juristes. La propriété, c'est "le droit de jouir et de disposer des choses de la manière la plus absolue", dispose l'article 544 du Code Civil. Ce faisant, *le droit va structurer les rapports des hommes aux milieux naturels en les insérant dans un système de production et de désirs en complète*

33. Sur le plan juridique, v. sur ces points, *L'homme, la nature et le droit*, op. cité, en particulier les observations de HERMITTE (M.A.) p. 40 et s., EDELMANN (B.) p. 113 et s. et LABRUSSE-RIOU (C.) p. 159 et s. ; BAUD (J.P.), *L'affaire de la main volée : une histoire juridique du corps*, Paris, Le Seuil, 1993, 243 p..

contradiction avec la logique de reproduction qui caractérise l'environnement.

Cette approche de la production sous l'angle de la reproduction est justement l'élément le plus distinctif de l'agriculture au regard des autres secteurs économiques.

Les produits agricoles et l'agriculture, c'est à dire l'activité économique consistant à produire de tels biens, relèvent de la catégorie des biens appropriables. Les produits agricoles peuvent en effet se définir comme des prélèvements opérés par l'homme sur des écosystèmes reproductibles en phase de jeunesse (34). L'agriculture est fondamentalement une activité consistant à maîtriser et utiliser un cycle biologique de reproduction de caractère végétal ou animal, définition qui d'ailleurs est aujourd'hui retenue par le droit rural (v. par exemple l'article 2 de la loi n° 88-1202 du 30 décembre 1988 relative à l'adaptation de l'exploitation agricole à son environnement économique et social). Comme pour la foresterie (mais dans une bien plus large mesure), elle consiste en l'exploitation d'un ensemble particulier écosystèmes en ce que l'homme est intervenu pour les domestiquer, les transformer, pour en créer d'entièrement artificiels, des "agro-systèmes". Parmi les espaces naturels, dans leur sens le plus large et le plus simple d'espaces non aménagés et non bâtis, les espaces ruraux s'analysent ainsi comme un ensemble de milieux consacrés par l'homme pour l'essentiel à la gestion d'écosystèmes asservis et fabriqués.

Cette domestication a consisté à simplifier les écosystèmes naturels pour en concentrer et maintenir la productivité sur une seule plante ou un seul animal en vue d'atteindre un niveau de production élevé (35). La contrepartie de ce phénomène de sélection forcené est bien évidemment la grande fragilité des

---

34. Sur cette question, v. en particulier BERTRAND (G.), in *Histoire de la France rurale*, vol. I, op. cité, p. 55 et s. ; v. également BEL (F.), Les relations agriculture-écologie : une modélisation des évolutions en Lozère, *Economie Rurale*, 1975, n° 110, p. 16.

35. RULLIERE (G.), Les rapports entre agriculture et écosystèmes, *Economie Rurale*, 1978, n° 127, p. 7.

agro-systèmes, leur stabilité n'étant atteinte qu'au travers de continuelles mesures compensatoires.

Un tel schéma implique obligatoirement la mise en oeuvre de tout un ensemble de techniques et de pratiques lentement et progressivement mises au point. En ce sens, les pratiques et techniques rurales forment le point clé de la liaison, de l'interface économie-écologie dans le domaine de l'agriculture car elles détermineront les caractères de ce système de "production de la reproduction".

Mises en oeuvre par l'entreprise agricole, entendue comme une unité de financement et de production de la reproduction, ces techniques et pratiques vont décider de l'organisation des cycles biologiques, tout en étant elles-mêmes déterminées par tout un ensemble de facteurs économiques, écologiques et humains. "Un changement technique n'est pas un événement de portée restreinte à un domaine déterminé, elle concerne l'organisation tant économique que sociale des sociétés rurales" (36). Car les clés des processus de changement sont données par "la conception de la propriété, les habitudes communautaires ou individualistes, les lois et coutumes locales, la configuration du parcellaire ou l'organisation de la famille" (37). L'exemple célèbre de l'abandon progressif du système de la jachère, si bien décrit par M. BLOCH (38), en apporte une démonstration éclatante.

L'entreprise de production agricole est ainsi insérée dans le système économique par tout un réseau de liaisons qui en font un lieu dominé, soumis à l'emprise croissante des secteurs amont et aval ; la valeur ajoutée qu'elle produit est en réalité pour une large part confisquée par les industries agro-alimentaires et les entreprises de fourniture de services, d'immobilisations et consommations intermédiaires.

Quelques chiffres seront à cet égard parfaitement éclairants.

---

36. BODIGUEL (M.), op. cité, p.85.

37. BODIGUEL (M.), op. cité, p. 85.

38. BLOCH (M.), *Les caractères originaux de l'histoire rurale française*, Oslo, Aschehoug, 1931, 265 p., en particulier p. 217 et s..

Ainsi, lorsque l'on examine la répartition de la valeur ajoutée afférente aux produits agricoles entre l'agriculture et les industries agro-alimentaires, la part revenant à la première en 1960 était de 61,2 % (38,8 pour les I.A.A.), en 1966 de 57,4 (c. 42,6), de 55,5 en 1970 et 56,4 en 1975 (39). Les choses paraissent encore plus nettes lorsque l'on examine les comptes de surplus de l'agriculture. Sur la période 1981-1990, les gains de productivité produits par l'agriculture ont été répartis en moyenne annuelle à concurrence de 27 % pour les agriculteurs et de 67,5 % pour leurs clients (40). Dans la valeur du produit final livré au consommateur, une part négligeable de la valeur ajoutée provient aujourd'hui des exploitations agricoles qui n'occupent qu'une place économique marginale dans la filière agro-alimentaire.

Quelles sont les raisons de cette situation fort connue ? Plusieurs explications, qui se complètent l'une l'autre, peuvent être proposées. En premier lieu, les termes de l'échange économique sont sans aucun doute très défavorables à l'agriculture. C'est que les prix reçus, ceux de vente des produits agricoles, sont régis par la loi du marché, un marché agricole malheureusement inélastique car "le drame de l'agriculteur est de se heurter à des besoins qui ne vont pas croissant comme ceux des autres biens de consommation" (41) (car lorsque l'estomac est plein !) ; en conséquence, les innovations techniques, les progrès dans les conditions de production conduisent rapidement vers la surproduction et aussi des prix médiocres. Quant aux charges externes, elles sont difficilement maîtrisables (si ce n'est au travers des quantités utilisées, d'engrais

---

39. NICOLAS (F.), L'évolution des relations entre l'agriculture et les industries alimentaires, *Economie Rurale*, 1978, n° 126, p. 38.

40. Source : Le compte de surplus de l'agriculture en 1991, B.I.M.A., 1991, n° 1388, p. 16.

41. NEURAY (G.), L'agriculture en l'an 2000. Essai de prospective, *Economie Rurale*, 1971, n° 87, p. 3. V. également, BERGMANN (D.), BAUDIN (P.), *Politiques d'avenir pour l'Europe agricole*, Paris, I.N.R.A. Economica, 1988, 170 p., p. 15.

ou de produits phytosanitaires par exemple) car les agriculteurs ne déterminent pas les prix pratiqués par leurs fournisseurs (42).

Ces transferts ne sont pas sans avantages globaux pour le système économique. Ils permettent en effet aux secteurs avals de ne pas supporter d'investissements supplémentaires et donc de réaliser un meilleur taux de profit et une meilleure accumulation du capital, ils affranchissent l'entreprise agro-alimentaire de certains risques économiques qui seront assumés par l'entreprise agricole, ils augmentent le niveau de vie du consommateur final. L'agriculture remplit ainsi une double fonction économique essentielle : d'une part, elle fournit au système industriel des produits de base au prix le plus bas possible, d'autre part elle constitue un débouché de plus en plus important pour les industries et le commerce agro-alimentaire.

En toute logique cependant, une telle domination aurait dû aussi, depuis longtemps déjà, entraîner une remise en cause radicale du modèle d'exploitation agricole à caractère familial aujourd'hui dominant, dont la faillite avait été annoncée tout à la fois par les économistes libéraux comme par MARX ou KAUTSKY.

Effectivement, depuis la deuxième guerre mondiale, on constate une diminution considérable de la population active agricole, une croissance toute aussi importante du volume total de la production agricole, une intégration rapide des progrès techniques dans le processus de production et le recours quasi-systématique à des facteurs de production issus d'autres secteurs économiques (machines, engrais, pesticides...). Pourtant, il n'y a pas eu de bouleversement des structures de production, les exploitations familiales, certes de plus en plus intégrées dans l'économie marchande, sont toujours prédominantes (43).

Diverses théories ont été avancées à l'explication de ce phénomène.

---

42. BOURDON (M.), La fin de la dégradation des termes de l'échange au détriment de l'agriculture française, *Economie Rurale*, 1974, n° 101, p. 15.

43. V. p. ex. PETIT (M.), Evolution de l'agriculture et caractère familial des exploitations agricoles, *Economie Rurale*, 1975, n° 106, p. 45.

A cet égard, C. SERVOLIN (44), et l'école ruraliste marxiste, pensait qu'en fait le capitalisme, en raison de l'obstacle foncier et de la nature du travail agricole qui porte sur des objets vivants et complexes, n'avait aucun intérêt à prendre la place de l'entreprise familiale qui correspondrait à un modèle de production précapitaliste, la Petite Production Marchande (P.P.M.). "Le but" de l'exploitant agricole "n'est pas la mise en valeur d'un capital et l'obtention d'un profit mais la subsistance du travailleur et de sa famille et la reproduction des moyens de production nécessaires pour l'assurer". Il s'ensuit une production agricole à moindre coût dont le système capitaliste tire directement avantage. La P.P.M. permettait en effet de diminuer le poids des dépenses alimentaires dans la consommation des ménages, donc de réduire la pression sur les salaires, et d'augmenter corrélativement le taux de profit (45). La plus-value produite par l'agriculteur sera prélevée au travers des marchés de produits agricoles et d'intrants de production. Au surplus, si le développement d'un capitalisme agro-alimentaire a rendu moins impératif la régulation des prix à la consommation, il exige tout autant une politique de bas prix à la production afin d'assurer ici un niveau d'accumulation du profit satisfaisant (46).

La thèse de C. SERVOLIN soulève cependant certaines interrogations. Elle présente en effet deux inconvénients majeurs : d'une part elle repose sur le postulat que l'agriculteur n'aurait pas l'ambition de réaliser un profit, d'autre part, l'articulation de la P.P.M. avec le capitalisme est surtout affirmée comme un argument d'autorité mais peu démontrée (47).

En réalité, la pérennité de l'exploitation familiale semble pour l'essentiel liée à la plasticité, la souplesse, l'adaptabilité de cette

---

44. SERVOLIN (C.), L'absorption de l'agriculture dans le mode de production capitaliste, in *L'univers politique des paysans*, Cahiers de la F.N.S.P., Paris, A. Colin, 1972, p. 41.

45. V. sur ce point, GERVAIS (M.), JOLLIVET (M.) et TAVERNIER (Y.), *Histoire de la France rurale*, Paris, Le Seuil, 1977, vol. IV 667 p., p. 517.

46. V. sur ce point, *Histoire de la France rurale*, op. cité. p. 517.

47. CAVAILHES (J.), Bilan de quinze ans de leadership marxiste, *Economie Rurale*, 1984, n° 160, p. 9.

forme d'entreprise, élasticité qui permet l'intégration de forces externes considérables.

Le procès de production agricole implique en effet la prise de décisions quotidiennes (cette vache est-elle en chaleur ? faut-il irriguer telle parcelle ? ce champ est-il suffisamment ressuyé pour que je puisse y risquer mon tracteur sans risque de rester embourbé ?) qui impliquent, une formation, une expérience théorique mais aussi et souvent d'abord empirique, de terrain ; le contrôle et la maîtrise de ce procès de production et des mécanismes biologiques, chimiques, mécaniques ou économiques qui le constituent, est toujours difficile et plutôt aléatoire, et ses résultats sont variables selon le degré de compétence de l'agriculteur.

Mais par-dessus tout, l'exploitant ne cherche pas tant à maximiser ses profits (c'est à dire son revenu déduction faite de la rémunération des facteurs de production au prix du marché) que le revenu agricole, égal à la somme du profit et de la rémunération des facteurs de production directement fournis par le groupe familial (48). Cela explique par exemple qu'un profit négatif ou qu'une faiblesse générale du revenu soit possible sans pour autant menacer la survie de l'exploitation agricole.

Or, compte tenu de la structure de notre système économique, la seule voie permettant sinon d'accroître, du moins de maintenir le revenu agricole consistait en fait à augmenter la productivité des facteurs de production, la terre, le capital productif et surtout le travail, qui tout au long de la période 1950-1990, est graduellement devenu le facteur le plus rare (49).

La logique de la démarche est en fait enfantine : moins d'agriculteurs pour une production égale ou accrue (grâce aux innovations techniques) impliquait un meilleur niveau de rémunération du travail et du capital engagés dans ce secteur

---

48. PETIT (M.), Evolution de l'agriculture et caractère familial des exploitations, *Economie Rurale*, 1975, n° 106, p. 45.

49. V. TIREL (J.C.), Le débat sur le productivisme, *Economie Rurale*, 1983, n° 155, p. 23 ; BONNIEUX (F.), Approche économique de l'intensification, *Economie Rurale*, 1986, n° 171, p. 9 ; v. également l'éclairante démonstration de BERGMANN (D.) et BAUDIN (P.), op. cité, p. 13-14.

économique. Ce système, reposant sur l'intensification du facteur travail par la combinaison de quantités de plus en plus importantes d'autres facteurs de production, forme ce qu'on appelle l'agriculture productiviste ou productivisme, néologisme qui désigne un modèle de développement du système agro-alimentaire dans lequel chaque unité produite voit son contenu en travail réduit au profit d'autres facteurs.

Une telle évolution n'a pas été sans conséquences. Le productivisme fait en premier lieu peser des menaces graves sur la pérennité des unités de production, en raison de l'accroissement constant des besoins en capital, de la pression des taux d'intérêt et des problèmes posés par la dégradation continue de prix agricoles de plus en plus déterminés au niveau international.

Elle conduit de ce fait directement à la marginalisation et à la désertification de certaines zones, surtout celles défavorisées par le relief, les conditions pédo-climatiques ou l'éloignement des débouchés. Les politiques actuelles de retrait des terres arables ou d'extensification en sont l'expression directe. D'ailleurs, dès 1968, le plan MANSHOLT proposait la mise hors culture avant 1980 d'environ cinq millions d'hectares et de retirer de la production trois millions de vaches ; et le rapport VEDEL de 1969 (50) estimait déjà à quelque dix millions d'hectares les surcapacités de production en 1985 par rapport à 1968.

Elle est enfin la cause directe de problèmes écologiques majeurs. Car cette substitution du capital au travail engendre des effets néfastes directs sur nos écosystèmes en favorisant leur disparition, ou au minimum, leur bouleversement. La haie au bout du champ est d'abord un obstacle à l'élan du tracteur, le pré est labouré car le maïs est d'un meilleur rapport et exige moins de travail que l'entretien d'un troupeau de vaches laitières, si la rivière déborde trop souvent, il suffira de la recalibrer, lorsque la terre est trop pauvre, on lui donnera un petit (souvent un gros) coup d'engrais (que l'on retrouvera pour une bonne partie dans la nappe phréatique). C'est oublier que le travail, par ses aspects qualitatifs, est aussi un facteur essentiel de la reproduction satisfaisante des

---

50. Rapport VEDEL (G.), *Perspectives à long terme de l'agriculture française*, Paris, Documentation Française, 1969, 64 p..

écosystèmes ruraux. A long terme, cela se traduit par un appauvrissement direct de notre patrimoine naturel dont la dégradation des sols, la pollution des nappes phréatiques, la destruction des biotopes et des paysages, l'augmentation de la consommation d'énergie (essentiellement fossile), la diminution de la variabilité génétique du fait de la sélection des espèces ou encore la détérioration des conditions de vie des animaux sont autant d'indices. Elle aboutit, en fin de compte, à la mise en cause de la pertinence du modèle de production adopté par les instances de l'Etat et par les syndicats agricoles, modèle dont l'espace et ses ressources constituent le substrat nécessaire. La politique agricole néglige (négligeait ?) tout simplement les économies externes que permet l'activité paysanne au travers de son action sur l'environnement. Comme l'écrivait J.M. ROUX, la recherche de la compétitivité est dans une large mesure un leurre qui oubliait les effets complexes des bouleversements structurels agricoles sur le milieu rural (51), situation dont K. MARX avait déjà pris conscience il y a plus d'un siècle lorsqu'il observait que "chaque progrès de l'agriculture capitaliste est un progrès non seulement dans l'art d'exploiter les travailleurs, mais encore dans l'art de dépouiller le sol, chaque progrès dans l'art d'accroître sa fertilité, un progrès dans la ruine de ses sources durables de fertilité" (52).

Tout compte fait, d'un point de vue social, cette transformation du système de production agricole a aussi et surtout considérablement augmenté les besoins de financement de ce secteur économique dit primaire. Elle a permis en fait au monde urbain de renforcer sa maîtrise du rural, une maîtrise qui aujourd'hui s'est modifiée dans son ampleur. Car ce faisant, la ville, ce centre ancien du pouvoir économique et administratif, y a aussi introduit les schémas classiques de domination du capitalisme

---

51. ROUX (J.M.) , Enfermée dans ses contradictions, la politique agricole ignore le rôle de l'agriculture sur l'environnement, *Economie Rurale*, 1972, n° 94, p. 3 ; v. également SOCIETE FRANÇAISE POUR LE DROIT A L'ENVIRONNEMENT, *Agriculture et environnement*, Trevoux, Publications Périodiques Spécialisées, 1981, 353 p. ; L'agriculture et la gestion des ressources renouvelables, *Economie Rurale*, 1992, n° 208-209, 152 p..

52. MARX (K.), *Le capital*, Livre I, Paris, Ed. Sociales, 1976, vol. 1, 762 p., p. 360.

industriel et financier. Elle accroissait ainsi de façon considérable sa capacité de commandement, son pouvoir et l'espace sur lequel elle l'exerce. Petit à petit, l'espace du rural s'est transformé en espace du capital (53). Mais comme l'observait F. BRAUDEL, la présente domination urbaine, celle du marchand sur le paysan, est en fait l'étoffement d'une réalité déjà très ancienne qui confirme, si besoin en est, la pérennité du modèle village-bourg-ville et Etat (54).

L'émergence de ce modèle rural a en effet été directement favorisée par les politiques agricoles mises en oeuvre d'abord par l'Etat, dès la fin de la deuxième guerre mondiale, puis, à partir de 1962, par la Communauté Européenne. Tout le monde y trouvait un intérêt. L'agrandissement et la modernisation des exploitations agricoles permettaient en effet une meilleure rentabilisation du travail rural et du capital d'exploitation (de grandes machines, dans de grands champs, pour un meilleur revenu agricole !), mais aussi et surtout un exode rural massif, c'est à dire un transfert de population active aux autres branches de l'économie fournissant plus de valeur ajoutée, un transfert qui en même temps permettait d'améliorer le revenu agricole des exploitants qui subsistaient. Des politiques structurelles se sont ainsi efforcées d'aider à l'agrandissement des exploitations (par des aides au départ et à la restructuration foncière des exploitations), au renforcement de leurs capitaux (aide à l'accumulation des fonds propres, subventions, prêts bonifiés), enfin à l'amélioration de la compétence et de la formation des agriculteurs.

Cette politique des structures n'était cependant qu'un des éléments d'une politique agricole de l'Etat plus globale visant à accroître la productivité de l'agriculture tout en assurant un niveau de vie équitable à la population agricole et une stabilisation des marchés. En la matière, le rôle de la puissance publique a été considérable et le coût financier de ces mesures agricoles n'avait cessé de s'amplifier depuis la fin de la deuxième guerre mondiale.

---

53. Selon le beau titre donné par BERGERON (L.) à sa contribution à l'*Histoire de la France*, vol. I, L'Espace Français, Paris, Le Seuil, 1989, 670 p., p. 288.

54. V. en ce sens, BRAUDEL (F.), in *L'identité de la France*, vol. I, op. cité, p. 236.

Ainsi, selon les travaux de C. ROGER (55), les aides à la défense ou au maintien du revenu agricole auraient représenté selon les productions dans les années 1970 près de 40 à 60 % du revenu brut agricole. Analysant les concours financiers de l'Etat à l'agriculture entre 1945 et 1984 (56), P. ALPHANDERY signalait que durant la phase d'or de la modernisation de l'agriculture française, entre les années 50 et 70, la part du budget de l'Agriculture dans les charges budgétaires totales progressait rapidement pour atteindre un niveau maximum en 1976 (9,3 %). Ces crédits se répartissaient essentiellement entre trois fonctions (dépenses sociales, dépenses d'organisation et de soutien des marchés et aides aux investissements) qui représentaient environ 80 % des crédits du ministère de l'Agriculture.

Par rapport à ce cadre d'ensemble dans lequel elle allait s'intégrer et qu'elle allait amplifier, le principal apport de la P.A.C. fut la mise en place au niveau communautaire d'une organisation commune des marchés pour chaque grand type de production, assorti dans les cas les plus favorables, d'un système de prix minimums garantis permettant le rachat au prix d'intervention des "invendus". Les niveaux des prix communautaires étant supérieurs à ceux du marché mondial, l'on mit en place un régime de "restitutions" à l'exportation (c'est-à-dire de subventions représentant la différence entre le prix européen garanti et le prix mondial) et de "prélèvements" à l'importation (qui permettait d'aligner le prix des produits extérieurs sur les prix communautaires). A défaut, le principe de la préférence communautaire n'aurait pu trouver à s'appliquer.

Ces ambitieux objectifs de la politique publique de l'agriculture ne furent que partiellement atteints. Certes, en trente ans, la productivité de l'agriculture sera multipliée par quatre alors qu'en même temps le nombre d'exploitations diminuait des deux tiers. Pour la plupart des grandes productions agricoles, la Communauté atteignait ou dépassait le seuil de l'autosuffisance (en 1990, le taux

---

55. ROGER (C.), Les aides de l'Etat à l'agriculture : une part croissante du revenu agricole, *Economie Rurale*, 1981, n° 145, p. 13.

56. ALPHANDERY (P.), Les concours financiers de l'Etat à l'agriculture française de 1945 à 1984, *Economie Rurale*, 1988, n° 184, 185 et 186, p. 134.

de couverture était de 122 % pour les céréales, 135 % pour le blé, 109 % pour la viande bovine). Cela n'empêchait pas le revenu agricole moyen de stagner dès le début des années 1970 (par exemple, selon les comptes nationaux de l'agriculture de l'INSEE, le revenu net moyen par exploitation est passé de 100 en 1977 à 102,3 en 1989, avec pour cette dernière année un taux de dispersion de 1 à 15 selon les départements), malgré la concentration des exploitations. Celle-ci était due pour l'essentiel à la course aux rendements qui seule permettait de maintenir le revenu face à la baisse des cours qu'entraînait de façon quasi-inéluctable l'augmentation de la production. Le fonctionnement de la P.A.C. favorisait de fait surtout les plus gros exploitants et les régions à haute productivité, le degré de soutien étant au surplus très inégal selon les marchés. La Cour des Comptes constatait à cet égard dans son rapport de 1992 qu'en France, près d'un tiers (31,8 %) des dépenses communautaires allait au secteur des céréales, ce qui représentait près de 23 % de la valeur des livraisons au marché. Les produits laitiers bénéficiaient de 22,1 % des dépenses communautaires, taux qui était de 17,6 pour les oléagineux (57) ! Surtout, la dérive des productions entraînait celle du budget communautaire (de l'ordre de 35 milliards d'Ecus aujourd'hui) en raison de la très rapide croissance des dépenses de stockage et de restitutions à l'exportation (58). Dès la fin des années 1970, les premiers "ajustements" visant à limiter la production apparurent : on assistera alors à la création des premières taxes de co-responsabilité et de seuils de garantie quantitatifs, à l'instauration de quotas de production en matière laitière (ce qui fut un succès en terme de stocks), ou encore à la création d'incitations à la jachère. Le tout en vain ou presque, les réserves continuaient le plus souvent à gonfler (au 31 décembre 1991, les stocks publics de céréales s'élevaient dans la C.E. à 25 millions de tonnes, ceux de viande bovine à 900.000 tonnes) au point de transformer le budget

---

57. Sur ces points, v. COUR DES COMPTES, *Rapport au Président de la République*, J.O. doc. adm. 25 juin 1992, 447 p., en particulier p. 55 et s..

58. Selon la Cour des Comptes, les dépenses communautaires en matière agricole pour la France ont augmenté de 173 % en F. constants entre 1981 et 1989, un taux très supérieur au taux de croissance des dépenses civiles de l'Etat (+ 24,5 %) ou du P.I.B. (+ 22,3 %).

de l'agriculture en nouveau tonneau des Danaïdes. La P.A.C. de 1962, malade des principes de base sur lesquels elle reposait, était arrivée au bord de la rupture (59).

Son amendement, son perfectionnement de 1992, fort discuté depuis le Livre Vert de la Commission de 1985, essaie aujourd'hui de remédier à ces graves dysfonctionnements. Adoptée le 21 mai 1992 et mise en oeuvre le mois suivant par plusieurs règlements (60), soutenue en France par un plan d'accompagnement rendu nécessaire par les insuffisances de la nouvelle réglementation communautaire et la présence intempestive de tracteurs sur les routes estivales (manifestations significatives du degré de mécontentement et d'angoisse du monde paysan), cette réforme qui ne concerne que les productions quantitativement les plus importantes (pour l'essentiel les céréales, la viande bovine et ovine et les oléoprotéagineux) repose sur plusieurs axes : la baisse des prix de soutien ou d'intervention et leur rapprochement progressif du niveau des prix du marché mondial, l'octroi parallèle et conditionnel d'aides au maintien du revenu et enfin la mise en place de mesures complémentaires (programme agro-environnemental, programme de boisement et programme de préretraite). En effet, l'objectif essentiel de la réforme, pour des raisons budgétaires évidentes, était de déconnecter partiellement les revenus des agriculteurs de l'accroissement des rendements des productions, la compensation de la baisse des revenus en conséquence de la diminution des prix de référence étant liée au gel d'une partie de la superficie emblavée ou d'une diminution de l'unité de gros bétail par hectare de surface fourragère. La modification des mécanismes de soutien des marchés était pour cette raison consolidée par un volet agro-environnemental incitant à l'adoption de pratiques de production moins intensives (réduction de l'utilisation d'engrais et de pesticides, extensification des productions végétales ou reconversion des terres arables, gel des terres à long terme à des fins écologiques...). Ces aides au revenu et ces mesures complémentaires peuvent ainsi s'analyser en fait comme des

---

59. Sur ces points, v. en particulier l'analyse de BERGMANN (D.), BAUDIN (P.), *Politiques d'avenir pour l'Europe agricole*, op. cité.

60. Il s'agit de toute une série de règlements datés du 30 juin 1992 et publiés aux J.O.C.E. L 181 et L 215/1992.

compensations, aux frais du contribuable pour l'essentiel, aux coûts externes engendrés par la politique agricole mise en place en 1962, une P.A.C. qui ne change pas fondamentalement de nature en 1992.

Il ne saurait être question d'aller plus loin dans l'examen de la portée de la réforme de 1992 dont beaucoup doutent des effets réels sur le comportement des agriculteurs et l'évolution d'une agriculture européenne, et surtout française, menacée au surplus par les concessions consenties aux Etats-Unis dans le cadre des négociations du G.A.T.T.. Car de nombreuses interrogations subsistent. Ainsi, quelles seront les chances de succès de la mise en jachère dans l'hypothèse où les gains liés à une augmentation des rendements sont supérieurs, malgré la baisse des prix, aux gains procurés par les primes (les producteurs les plus compétitifs intensifiant au maximum) ? le maintien des prix agricoles est-il assuré compte tenu de l'éventuel plafonnement des aides à l'exportation ou d'une réduction des exportations dans le cadre du G.A.T.T., dans la mesure où les quantités non exportées pèseront sur le marché interne (il en va de même des quantités produites hors aide) ; or, il est certain que le succès de la réforme est conditionné par la préservation des revenus agricoles ; si ces derniers se dégradent, il y a de très fortes chances pour qu'alors la course, ou plutôt la fuite en avant, aux rendements reprenne de plus belle ; ou encore, l'on assistera peut-être aussi à la "délocalisation" des productions visées par la réforme vers des productions non couvertes par une organisation commune. Et cela aurait pour effet dramatique de déséquilibrer de nouveaux marchés agricoles (par exemple, la transformation d'1 % de la surface céréalière aurait pour effet d'augmenter de 35 % la production légumière ; de même, il y a des risques de transferts du secteur bovin vers la production de porcs ou de poulets, accrus d'ailleurs par la réduction du prix des céréales).

En fin de compte, au-delà de l'aspect par trop démobilisateur de la réforme (et vive la jachère !), n'y-a-t-il pas dans cette révision des orientations de la P.A.C. un risque potentiel de démantèlement de l'appareil de production agricole dans les régions déjà aujourd'hui les plus fragiles, les plus menacées par le déclin économique, dont il n'est absolument pas certain que l'environnement y gagne. Que deviendraient en effet des espaces ruraux purement et simplement abandonnés (on est loin de la jachère verte) en raison de la crise de notre agriculture, que deviendraient en revanche les zones les plus riches, les plus productives, où va se trouver concentrée l'agriculture d'entreprise ?

CHAPITRE II

L'AGRICULTURE, L'ENVIRONNEMENT ET L'IMPOT

Historiquement, la monétarisation de l'économie, l'émergence de l'Etat moderne et le développement des impôts sont amplement concomitants (61). L'intérêt immédiat de la personne publique était en effet, pour des raisons financières évidentes, de favoriser l'épanouissement, l'élargissement du secteur marchand sur lequel reposait l'impôt. Les systèmes fiscaux contemporains issus de cette longue évolution sont de ce point de vue une des composantes d'un ensemble plus vaste encore tout entier tourné vers la recherche d'une richesse matérielle maximale. Aussi la fiscalité est-elle fondée de façon générale sur la croissance économique, à laquelle l'impôt apporte très souvent un soutien intéressé. L'on trouve à cet effet dans notre droit de nombreuses mesures spécifiques, qui sont autant de manifestations de l'interventionnisme fiscal de l'Etat, dans lequel certains voient un "mode de direction non autoritaire des conduites" (62).

Il en va ainsi de l'agriculture. La politique agricole ne recourt en effet pas uniquement à des aides budgétaires directes ; il convient, pour faire le compte, d'y ajouter les aides indirectes accordées par l'Etat au secteur agricole sous la forme de dépenses fiscales ; celles-ci peuvent s'analyser comme des allégements d'impôts, définitifs ou temporaires, qui se traduisent par des pertes de recettes fiscales pour la personne publique. Pour le contribuable, elles apparaissent en quelque sorte comme des "subventions

---

61. GENET (J.PH.), LE MENE (M.) sous la direction de, *Genèse de l'Etat moderne : prélèvement et redistribution*, actes du Colloque de Fontevraud, Paris, Ed. du C.N.R.S., 1987, 250 p. ; BELTRAME (P.), MEHL (L.), op. cité p. 442.

62. AMSELEK (P.), L'évolution de la technique juridique dans les sociétés occidentales, *Revue de Droit Public*, 1982, p. 275, en particulier pp. 287-290.

négatives" prenant la forme de règles fiscales dérogatoires au droit commun (63).

L'emploi de l'impôt comme instrument d'action économique est fort courant en matière agricole où, en particulier, la fiscalité a été utilisée comme un instrument de modernisation de la gestion et des structures foncières des exploitations agricoles, modernisation indispensable au passage d'un secteur de production pré-capitaliste vers le modèle économique dominant.

Comme nous le rappelions précédemment, dans l'économie agricole actuelle, l'agriculteur ne maîtrise pas ses prix de vente et fort peu ses charges de structure. La défense du revenu agricole passait alors par des aides publiques, dont certaines de nature fiscale, au revenu agricole et par l'adoption de nouveaux modes de production, la mise en valeur intensive du travail agricole par l'accumulation de capital d'exploitation ou foncier, et même, à l'extrême limite, à l'abandon de ce dernier (le développement des exploitations en hors-sol en apporte une démonstration). Cette situation allait orienter les mesures fiscales adoptées par les pouvoirs publics.

C'est ainsi qu'en matière d'impôt sur le revenu, l'un des objectifs principaux poursuivis par le législateur lors de l'institution des régimes réels d'imposition en 1971 puis 1976 (le régime du réel normal a été institué par la loi de finances pour 1971 (64), le régime du réel simplifié par la loi de finances rectificative pour 1976 (65)) fut de favoriser le développement, en agriculture, de méthodes de gestion analogues à celles utilisées par les autres secteurs économiques, afin de faciliter la modernisation des

---

63. CONSEIL DES IMPOTS, *Quatrième rapport au Président de la République relatif à l'impôt sur le revenu*, Paris, J.O. doc. administratifs, 1979, 285 p., p. 250 et s. ; JOUYET (J.P.) et alii, Les dépenses fiscales : un tour d'horizon, *Revue Française de Finances Publiques*, 1987, n° 18, p. 21.

64. Loi 70.1199 du 21 décembre 1970, J.O. du 22 décembre 1970, p. 11763.

65. Loi 76.1220 du 28 décembre 1976, J.O. du 29 décembre 1976, p. 7526.

exploitations (66). Cette option "moderniste" de la fiscalité agricole est toujours à l'ordre du jour des pouvoirs publics, ainsi qu'en témoigne cette récente déclaration du Président de la République au Journal du Centre (le 24 octobre 1991), qui estimait que "de façon générale, la fiscalité agricole doit favoriser l'investissement comme c'est le cas dans l'industrie".

Or les exploitations agricoles doivent faire face à plusieurs contraintes que ne connaissent pas les entreprises industrielles : elles exigent en général un capital foncier important, non amortissable ; la durée du cycle de production est souvent supérieure à celle de l'exercice fiscal (activités d'élevage, viticulture, pépiniéristes...), ce qui peut être la source d'un gonflement artificiel des bénéfices lors de l'exercice de cession du bien (d'autant plus fort que le taux d'inflation est plus élevé) ; enfin les résultats d'exploitation sont plus irréguliers que dans les activités industrielles en raison des aléas climatiques et de la fluctuation parfois considérable des cours des produits.

Aussi de nombreuses dispositions, dont le coût budgétaire évalué en terme de dépenses fiscales est souvent non négligeable, ont, au fil des ans, été introduites dans notre droit positif (et modifiées) par le législateur en vue de compenser ces handicaps et d'aider au financement de ce secteur économique. On citera simplement les mesures les plus significatives.

Ainsi, des règles d'évaluation des stocks à rotation lente ont été adoptées (article 72 B du Code Général des Impôts) ; elles permettent de comptabiliser les stocks de produits ou d'animaux jusqu'à la vente de ces biens à la valeur déterminée à la clôture de l'exercice suivant celui au cours duquel ils ont été portés en stocks, les frais d'entretien et de conservation étant par la suite immédiatement déductibles ; le coût de cette mesure était évalué à

66. En ce sens, CONSEIL DES IMPOTS, *Cinquième rapport au Président de la République relatif aux bénéfices agricoles*, Paris, J.O. doc. administratifs, 1980, 117 p., p. 26.

350 millions de F. en 1990, 330 millions de F. en 1991 et 360 millions de F. en 1992 (67).

De la même façon, en cas de passage du régime forfaitaire au régime du réel, les immobilisations amortissables sont évaluées en fonction de leur durée probable d'utilisation restant à courir appréciée lors du changement de régime fiscal (article 38 sexdéciès L de l'annexe III au Code Général des Impôts), ce qui a pour effet en général de dégager de nouvelles marges d'amortissement (coût estimé en terme de dépenses fiscales à 230 millions de F. en 1990 et 1991, 250 millions de F. en 1992 (68)).

Dans le même ordre d'idées, l'article 72 D du Code Général des Impôts accorde aux agriculteurs une déduction pour investissement (déduction minimum de 10.000 F. ou de 10 % du bénéfice dans la limite de 20.000 F., limites portées en 1992 à 20 % avec un plafond de 30.000 F., à quoi l'article 88 de la loi de finances pour 1993 (69) a ajouté une déduction supplémentaire de 10 % de la fraction du bénéfice comprise entre 150.000 et 450.000 F., de sorte que la déduction maximale sera de 60.000 F.) ; le coût de cette mesure était estimé en 1990 à 490 millions de F., 590 millions de F. en 1991 et 630 millions de F. en 1992 (70), le coût respectif des dispositifs adoptés en 1992 et 1993 étant de l'ordre de 250 millions de F.. L'objectif est ici d'encourager les investissements (le financement des stocks et surtout des immobilisations amortissables) en développant l'autofinancement des exploitations agricoles. Et l'article 73 B, souhaitant favoriser l'installation de jeunes agriculteurs ayant perçu la dotation d'installation, leur accorde un abattement de 50 % sur leur bénéfice imposable des

---

67. Sources : annexes Voies et Moyens aux projets de loi de finances pour 1992 et 1993, Liste des dépenses fiscales, Paris, Imprimerie Nationale, 1991, vol. II, p. 44, 1992, vol. II p. 5.

68. Source : Listes des dépenses fiscales, précitées.

69. Loi 92.1376 du 30 décembre 1992, J.O. du 31 décembre 1992 p. 18.058. L'article 32 de la loi de finances rectificative pour 1993 (93.859 du 22 juin 1993, J.O. du 23 juin 1993, D.F. 1993 n° 27 comm. 1378) a par ailleurs porté le taux de la déduction de 20 à 30 % pour la partie du bénéfice inférieure à 150.000 F..

70. Source : Listes des dépenses fiscales, précitées.

cinq premiers exercices (coût estimé par le Conseil des Impôts aux environs de 300 millions de F. en 1989 (71), plus précisément de l'ordre de 260 millions de F. en 1991 et 1992 (72)), régime prorogé par la loi de finances pour 1993 jusqu'en 1996 et étendu aux bénéficiaires de prêts bonifiés jeunes agriculteurs.

Enfin, la loi prévoit divers régimes d'écrêtement des revenus exceptionnels des agriculteurs (régime de la moyenne triennale, article 75 OB du Code Général des Impôts, système du quotient, article 75 OA du Code, ou étalement sur trois ans du bénéfice résultant de la vente de stocks à rotation lente lors de la cession ou de la cessation de l'exploitation, article 72 B du Code). Leur coût annuel en dépense fiscale est évalué à quelque 20 millions de F. depuis 1990 (73).

L'application de la TVA à l'agriculture (et en particulier aux grandes exploitations) à partir de 1968, selon des modalités assez particulières définies par les articles 298 bis et suivants du Code Général des Impôts, procédait des mêmes préoccupations économiques (74). Elle permettait en effet d'insérer ce secteur économique dans le circuit des droits à déduction (la TVA sur les achats est imputable sur la TVA due au titre des ventes, ou remboursable en cas de crédit de taxe) ce qui facilite incontestablement l'investissement et la consommation de produits intermédiaires (d'autant qu'en application de l'article 298 bis I 3° du Code, la règle du décalage d'un mois n'était pas applicable aux agriculteurs) ; au surplus, le législateur n'a pas hésité à appliquer le taux réduit de 5,5 % aux achats d'aliments pour le bétail (article 289 c 13° du Code Général des Impôts), d'engrais, de sulfate de cuivre, de produits anti-parasitaires (article 289 d du Code). La soumission de ces consommations intermédiaires au même taux

---

71. CONSEIL DES IMPOTS, *Onzième Rapport au Président de la République relatif à l'impôt sur le revenu*, Paris, J.O. doc. administratifs, 1990, 564 p., p. 112.

72. Source : listes des dépenses fiscales, précitées.

73. Source : Listes des dépenses fiscales, précitées.

74. Sur ce point, v. en particulier MARTINEZ (J.C.), *Le statut de contribuable*, Paris, L.G.D.J., 1980, 394 p., p. 234.

que celui applicable généralement aux produits agricoles permettait d'éviter aux agriculteurs les problèmes de trésorerie inhérents classiquement à des différences de taux de TVA (auxquels le régime des remboursements de taxe n'apporte qu'un remède tardif) (75).

L'impôt, en dernier lieu, participe de façon active à la nécessaire restructuration foncière que postulait le passage vers une agriculture productiviste. Il y avait en effet dans les années soixante trop d'exploitations, trop petites, trop morcelées, peu ou pas compétitives. La rentabilisation de l'agriculture française passait par la restructuration et la concentration de ce secteur économique. Cela se traduisit au niveau de l'espace rural par la "rationalisation et l'aménagement" du foncier qui est l'un des volets important de la politique des structures mise en place par l'Etat.

Du point de vue fiscal, le législateur s'est surtout préoccupé de neutraliser l'éventuel coût de telles opérations. Ainsi, le remembrement jouit d'une complète transparence (exonération des droits d'enregistrement par l'article 1023 du Code Général des Impôts ; exonération des plus-values par les articles 150.D.5° et 72 E du Code). En cas de revente ultérieure du bien reçu, la plus-value sera alors calculée en fonction de la date et de la valeur d'acquisition d'origine des terres (articles 150 D et 72 E du Code Général des Impôts). Les opérations immobilières des S.A.F.E.R. sont exonérées de droits d'enregistrement (article 1028) ou de T.V.A. (article 261.5.1°). La mise en valeur des terres incultes est exonérée de droits d'enregistrement (article 1025 du Code Général des Impôts) et, avant 1992, de taxe foncière pendant dix ans (article 1395.3° du Code) ; parallèlement, la sous-exploitation de ces dernières est toujours susceptible d'entraîner une taxation équivalente à celle des terres labourables (article 1509.4 du Code).

De façon très générale d'ailleurs, l'ensemble des opérations d'aménagement rural et de mutation ou location à long terme de terres agricoles bénéficie le plus souvent de régimes spéciaux qui

---

75. Le coût cumulé de ces mesures dérogatoires afférentes aux taux applicables aux consommations intermédiaires de l'agriculture, estimé en terme de dépense fiscale, était de 750 millions de F. en 1991 et 780 millions de F. en 1992 (source : listes des dépenses fiscales, précitées).

encouragent les investissements fonciers ou soutiennent la stabilité foncière des exploitations.

On observera par exemple que les acquisitions d'immeubles ruraux sont soumises au droit départemental d'enregistrement au taux de 13,4 % (contre un taux de droit commun de 15,4 %), certains départements ayant encore réduit ce taux (p. ex. 10 % dans le Jura, 11,2 en Lozère ou 11,8 en Savoie au 1er juin 1991).

Pour les acquisitions d'immeubles ruraux susceptibles d'améliorer la rentabilité des exploitations agricoles, c'est à dire lorsque ces acquisitions concourent à atteindre la Surface Minimale d'Installation, le taux du droit départemental est en principe réduit à 6,4 % (article 702 du Code Général des Impôts). Il en va de même en ce qui concerne les acquisitions de parcelles opérées par les exploitants bénéficiant de la dotation d'installation aux jeunes agriculteurs (article 1594 F du Code). On observera au passage que ces mêmes jeunes agriculteurs peuvent aussi bénéficier, sur décision des collectivités territoriales, d'un dégrèvement de taxe foncière pendant une période de cinq ans à compter de l'année suivant celle de leur installation (article 1647-OO bis du Code (76)). Les acquisitions d'immeubles ruraux par les fermiers ne supportent que la taxe départementale de publicité foncière au taux de 0,6 % (article 705). Les fermiers bénéficient aussi, pour la détermination de leur résultat fiscal, d'un régime de déduction accéléré des intérêts des prêts contractés pour l'acquisition des terres dont ils étaient preneurs (article 38 sexdéciès F de l'annexe III au Code Général des Impôts) ; le coût estimé de cette mesure est annuellement de l'ordre de 8 millions de F. (77). Les échanges individuels ou multilatéraux faits conformément à l'article 37 du Code Rural sont exonérés de droit d'enregistrement et de taxe de publicité foncière lorsqu'ils sont purs et simples (article 708 du Code Général des Impôts) ou soumis au droit départemental d'enregistrement au taux réduit de 3,6 % lorsque l'opération a reçu

---

76. Loi 91.1322 du 30 décembre 1991, J.O. du 31 décembre 1991, p. 17225, dont le bénéfice a été étendu aux jeunes agriculteurs regroupés en sociétés civiles agricoles (article 31 de la loi de finances rectificative pour 1993, 93.859 du 22 juin 1993, précitée).

77. Source : Listes des dépenses fiscales, précitées.

l'aval de la Commission Départementale de Réorganisation Foncière et de Remembrement (article 709 du Code). Par ailleurs, les baux ruraux à long terme sont favorisés : le bailleur bénéficie d'une déduction forfaitaire majorée en matière de revenus fonciers (article 31.I.2° du Code qui fixe un taux de déduction de 15 % pour un taux de droit commun de 10 %), le bail est exonéré de taxe de publicité foncière (article 743), et surtout, les biens en cause sont, sous certaines conditions, exonérés de droits de succession à raison des trois quarts de leur valeur (articles 793 et 793 bis du Code).

Les lois et règlements dont sont issues généralement ces dispositions du Code Général des Impôts (par exemple les articles 701 à 709, 793-1-4, 793-2-3 et 793 bis, 1021 à 1025) datent tous pour l'essentiel des années d'or de la modernisation de l'agriculture française, en particulier 1962, 1963, 1965 et 1970. L'origine historique de ces dispositions ne laisse ainsi planer aucun doute quant à l'objectif poursuivi en la matière par le législateur.

Enfin, l'impôt s'est aussi vu assigner quelques fois des fonctions d'orientation de l'affectation des terres à des fins agricoles, en évitant qu'un surcoût fiscal ne vienne provoquer des effets pervers.

C'est le cas par exemple de l'inclusion dans la notion de biens professionnels des biens ruraux donnés en bail à long terme ou des parts de groupements fonciers agricoles, constituant l'outil de travail d'un proche parent du propriétaire (ou porteur de parts) (articles 885 P et Q du Code Général des Impôts). Et sous certaines conditions, l'article 885 H du Code exonère d'Impôt de Solidarité sur la Fortune les biens ruraux loués par bail à long terme et les parts de G.F.A. hors du champ d'application des dispositions précédentes (le coût de cette mesure en terme de dépense fiscale est estimé en 1991 et 1992 à 55 millions de F. (78)).

De la même façon, l'impôt a parfois aussi été allégé pour atténuer le coût de production d'un bien naturel dont le cycle biologique est à long terme. C'est en particulier le cas de la forêt, qui connaît depuis très longtemps un statut fiscal privilégié.

Le Code Général des Impôts est tout d'abord constellé de dispositions visant le capital forestier. Ainsi la forêt "jouit" d'une

---

78. Source : Listes des dépenses fiscales, précitées.

réduction du taux du droit départemental d'enregistrement, applicable aux mutations à titre onéreux de ces biens (article 703 du Code ; le taux du droit départemental est en principe porté à 3,6 %, mais certains départements ont modifié ce taux : dans les Landes p. ex., le taux du droit départemental a été porté à 10 %, de même d'ailleurs qu'en Seine-St-Denis ou en Val-de-Marne). Les droits frappant les mutations à titre gratuit (donations et successions) voient leur assiette forestière (les parts de groupements forestiers sont soumises au même régime) réduite des trois quarts (article 793 du Code Général des Impôts), faveur dont bénéficient aussi les heureux redevables de l'Impôt de Solidarité sur la Fortune (article 885 H al. 1 du Code).

Cette sollicitude fiscale s'applique aussi au revenu des bois : l'article 1395 institue une exonération des reboisements, trentenaire et totale, au regard de la taxe foncière sur les propriétés non bâties (elle concerne environ 20 % du revenu cadastral imposé dans le groupe des bois et forêts (79) ; cette exonération des jeunes plantations est d'une durée variable selon la nature des essences et partielle au regard de l'impôt sur le revenu (article 76-3 du Code) ; les revenus cadastraux, qui servent aussi d'assiette forfaitaire à l'impôt sur le revenu (article 76.1 du Code), bénéficient d'un mode très favorable d'évaluation (80). Le coût, en terme de dépense fiscale, du seul régime forfaitaire des bois et forêts en matière d'impôt sur le revenu était estimé à quelque 550 millions de F. en 1990 et 1991 (81).

Ces avantages divers, souvent obtenus grâce à l'action diligente de groupes de pression, apparaissent comme une contrepartie des contraintes naturelles qui pèsent sur la gestion des ressources forestières. Ils permettent d'éviter des phénomènes néfastes tels des défrichements par anticipation pour payer les droits de succession

---

79. CONSEIL DES IMPOTS, *Dixième rapport au Président de la République relatif à la fiscalité locale*, Paris, J.O. doc. administratifs, 1989, 794 p., p. 185.

80. SCHMITT (T.), Fiscalité forestière et protection de la forêt, in *L'environnement et la forêt*, art. cité et bibliographie ; Fiscalité et Environnement : l'impôt, la forêt et le marais, art. cité.

81. 580 millions de F. en 1992 ; source : Listes des dépenses fiscales, précitées.

ou l'impôt sur le capital ou d'assurer une imposition régulière des exploitants forestiers.

Mais surtout, du point de vue financier, ce régime fiscal est une condition de l'attrait des investisseurs à l'égard des placements forestiers, du système de production de bois dont la rentabilité financière est assez aléatoire. A cet égard, il est frappant d'observer que les faveurs fiscales en matière de fiscalité du capital sont exclusivement réservées aux forêts de production, susceptibles d'un aménagement et d'une exploitation régulière, dotées d'un plan de gestion ou soumises à un régime d'exploitation normale pour une durée de trente ans (soit une surface d'environ 3,5 millions d'hectares sur un total de 9,5 millions d'hectares de forêts privées). De même, le régime favorable des bois au regard de l'impôt sur le revenu n'a d'intérêt que si la forêt est régulièrement exploitée. Les exonérations temporaires des reboisements ont par ailleurs tendance à accentuer ce phénomène ; en matière de taxe foncière, il arrive fréquemment en effet que l'emploi d'espèces à croissance rapide permette la succession de périodes d'exonération sans qu'intervienne alors le paiement du moindre impôt. Du point de vue fiscal, l'écosystème forestier apparaît donc principalement comme un pauvre champ d'arbres fort peu taxé !

Financement public de dépenses privées, l'impôt contribue d'une manière puissante au processus d'accumulation du capital dans l'agriculture ou la foresterie. Lorsque l'on additionne le coût des principales dépenses fiscales en faveur de l'agriculture ou de la forêt citées auparavant, on s'aperçoit que ces mesures de faveur représentent un transfert financier (ou plus exactement une perte de recette budgétaire) de l'ordre de 3 milliards de F. pour 1991 (82). L'aide fiscale, sous ses diverses formes, apportée annuellement par l'Etat et les autres personnes publiques à la modernisation de l'agriculture et de la foresterie est donc assez considérable.

---

82. Il faut toutefois observer que cette estimation est un peu abrupte et en réalité peu significative. L'évaluation des dépenses fiscales ne peut en effet tenir compte des conséquences secondaires des dépenses en cause, qui se traduisent le cas échéant par des pertes ou des gains sur d'autres impôts. Par ailleurs, les chiffrages ne prennent pas en compte les éventuelles interactions entre les mesures.

Comme le démontrent ces nombreux exemples, l'objectif recherché par le législateur est l'exploitation la plus rationnelle, au sens économique du terme, d'un l'espace rural dont le statut fiscal dépendra pour l'essentiel de sa valeur économique, beaucoup plus exceptionnellement de sa valeur écologique.

Cette valeur écologique n'est cependant pas méconnue parfois. Ainsi, les actes de classement des réserves naturelles sont exonérés de droits d'enregistrement (article 19 de la loi du 10 juillet 1976 relative à la protection de la nature) de même que les acquisitions du Conservatoire du Littoral (articles 795-12 et 1041 du Code Général des Impôts) ou des parcs naturels nationaux (article 1045 bis du Code). Au total cependant, l'impact réel de ces maigres dispositions est fort modeste au regard des imposantes aides apportées par l'impôt aux secteurs agricole et forestier.

En d'autres termes, le droit fiscal semble manifester une indifférence générale à l'égard des rapports très complexes et très divers des hommes avec les milieux biophysiques. L'agriculture est traitée fiscalement ni plus ni moins comme un secteur marchand en difficulté et le législateur lui a appliqué les emplâtres traditionnels que sont la restructuration et la concentration, c'est-à-dire la substitution du capital au travail.

Ce faisant, en se construisant ainsi sur le modèle d'un système économique privilégiant la reproduction et l'accumulation du capital financier, le droit fiscal permet aussi d'utiliser sans retenue les richesses de la nature (83). Axé sur des considérations exclusivement économiques qui elles-mêmes laissent hors de leur champ l'environnement, l'impôt ne laisse guère de place aux contraintes écologiques qui conditionnent tout autant la gestion des espaces ruraux et naturels. Il participe lui aussi, indirectement, par un subtil effet d'accompagnement, à la désorganisation de milieux dont les mécanismes de reproduction sont étrangers à ceux du système économique dominant. La fiscalité apparaît ainsi pour l'essentiel comme un élément accélérateur des mutations des modes de gestion et d'exploitation des espaces ruraux, et donc de la dégradation de notre environnement.

---

83. ISAIA (H.), SPINDLER (J.), Fiscalité, environnement et régulation du système économique, art. cité.

Quel est le rôle joué par la taxe foncière dans cette affaire ?

L'impôt sur les propriétés non bâties relève du paradoxe. Des quatre impôts directs locaux, c'est le plus contesté, le plus vilipendé de notre système fiscal et pourtant son produit global est aussi le plus faible. Comme l'écrit le Conseil des Impôts dans son rapport de 1989, les redevables considèrent que son poids est trop lourd et les collectivités locales estiment que son rendement est trop faible. Et en effet, le montant des rôles émis annuellement au titre de la taxe foncière sur les propriétés non bâties avoisine à peine quelque dix petits milliards de Francs (84).

Parmi toutes les critiques dont il fait l'objet depuis plusieurs années, il en est une en particulier qui accuse ce très vieil impôt de pousser très directement à la destruction des écosystèmes ruraux. A ce titre, sa suppression est demandée par les associations de protection de la nature, les agriculteurs, les partis politiques, le ministère de l'Environnement et celui de l'Agriculture (85). De nombreux rapports ont en leur temps dénoncé le monstre : le rapport BARNIER (86), le Plan National pour l'Environnement (87), le rapport SAINTENY, d'autres encore, chacun, s'inspirant

---

84. Selon le Conseil des Impôts, le produit global de la taxe foncière en 1987 était de l'ordre de 9,7 milliards de F. (v. dixième rapport précité, p. 183). Pour 1992, l'estimation du produit voté par les seules collectivités locales serait de quelque 7,9 milliards de F. (en ce sens v. le rapport de la Commission des finances de l'Assemblée Nationale relatif au projet de loi de finances pour 1993, op. cité, p. 90 et s.) ce qui équivaut à peu près au produit actuel de l'Impôt de Solidarité sur la Fortune (7,2 milliards de F. environ pour 1992 d'après les estimations révisées inscrites dans l'Evaluation des Voies et Moyens annexée au projet de loi de finances pour 1993, vol. I, p. 30).

85. SAINTENY (G.), *La fiscalité de l'espace naturel en France - Essai de diagnostic et propositions de réformes d'après l'exemple des zones humides*, Paris, ministère de l'Environnement, Direction de la Protection de la Nature, rapport dactyl., 1991, 125 p., p. 56.

86. BARNIER (M.), *Chacun pour tous, le défi écologique*, Paris, Ed. du Stock, 1990, 320 p..

87. CHABASSON (L.), THEYS (J.), *Plan National pour l'Environnement*, Paris, ministère de l'Environnement, rapport préliminaire, juin 1990, 226 p..

souvent l'un de l'autre (88), y allait de ses propositions de réforme, de révision des bases d'imposition, d'instauration de nouvelles ou de suppression d'anciennes exonérations et même de suppression pure et simple de la taxe. Quant à la Direction Générale des Impôts, par trop consciente des difficultés posées par la gestion de cette imposition, elle essayait de laisser passer ce vilain grain d'orage fiscal, qui allait toutefois l'obliger à entreprendre une lente, sans pour autant sûre, révision de son assiette, en attendant l'éventuelle suppression totale de l'impôt honni.

En un mot, tout le monde criait haro sur ce vieux baudet fiscal !

Mais d'où venait un tel trouble ? Ne serait-ce pas parce que cet impôt cultivait par trop les équivoques ?

Comme on le sait, la taxe foncière est due essentiellement par les propriétaires de terrains voués à l'agriculture. Selon le Conseil des Impôts, l'activité agricole et forestière représente 85 % des surfaces imposées à la taxe foncière (31,32 millions d'hectares pour l'agriculture et 13,3 millions d'hectares en bois) et 88 % de son assiette (82 % pour l'agriculture et 6,1 pour les bois).

En 1987, sur un total de 9,75 milliards de F., les propriétés agricoles supportaient une charge fiscale de l'ordre de 8,09 milliards de F., qui finançait essentiellement les petites communes rurales et se répartissait entre trois catégories d'agents économiques.

Les propriétaires non-exploitants acquittaient environ 2,8 milliards de F. (35,5 % du total grevant les propriétés agricoles). Le solde se partageait entre les terres exploitées en faire valoir direct (3,88 milliards de F. soit 48 % du total) et les terres en fermage (1,24 milliards de F., soit 16,5 %), l'impôt dû par le propriétaire étant répercuté selon une proportion variable selon les régions sur le locataire (89). En pratique, on s'aperçoit que le montant de

---

88. Et parfois aussi des travaux de notre équipe de recherche développés dans le cadre du C.N.R.S. - P.I.R.E.N., sans toujours les citer...

89. CONSEIL DES IMPOTS, *Dixième rapport au Président de la République relatif à la fiscalité locale*, op. cité , en particulier p. 211-212.

l'imposition transférée au fermier dépend directement du poids de l'impôt à l'hectare.

TABLEAU 1 : PARTAGE DE L'IMPOT ET MONTANT DE LA TAXE A L'HECTARE (VALEUR 1982 EN FRANCS)

PARTAGE DE L'IMPOT	NIVEAU DEPARTEMENTAL de l'impôt foncier à l'hectare
Plus de 25 % des fermiers ne paient aucun impôt	138
Plus de 75 % des fermiers paient au moins l'impôt mis à leur charge par le code rural	194
La majorité des fermiers paie l'impôt prévu par le code rural et plus de 6 % en paient la totalité	243

Source : Conseil des Impôts. Rapport relatif à la fiscalité locale, p. 212

Surtout, la taxe foncière est malade de son assiette.

Cette dernière est en effet constituée par les revenus cadastraux qui se calculent sur la base des valeurs cadastrales des propriétés foncières. Le mode d'évaluation de ces dernières permet de dégager la rente foncière du propriétaire ; la technique fiscale lie ainsi la propriété du sol, source de richesse économique, à sa fertilité naturelle dont, selon les conceptions de la fin du XVIIIème siècle, la rente était le prix et donc le revenu perçu par le propriétaire.

L'impôt apparaît ainsi comme doté d'une nature ambivalente. Dû en droit par le propriétaire, qui parfois est aussi l'exploitant de la terre, il s'apparente à un impôt sur le capital dans la mesure où son fait générateur est la détention d'un bien immobilier ; cependant, la nature de son assiette, le revenu cadastral, en fait en même temps un impôt sur le revenu foncier. Mais, s'agissant des propriétés affermées, la charge fiscale n'est plus assumée dans sa totalité par le propriétaire, du fait des possibilités légales ou contractuelles de répercussion de l'impôt sur le fermier (article 415.3 du Code Rural) ; cette part s'analyse alors simplement comme une charge d'exploitation. Il en va de même, lorsque l'impôt est supporté par l'exploitant-propriétaire. Dans ce dernier cas d'ailleurs, l'assiette de l'impôt relève de la pure fiscale-fiction car la rente, le revenu cadastral, se confond purement et simplement avec le bénéfice de l'exploitation, ce qui oblige à déterminer un revenu présumé tiré d'une imaginaire location !

Cette mise en évidence au sein de la taxe foncière d'une forme de taxation du revenu de l'exploitation attire ainsi très immédiatement l'attention du Candide fiscal sur les modalités d'évaluation de ce revenu. La taxe foncière sur les propriétés non bâties lie en fait très intimement le sol agricole et sa mise en valeur. Mais, on le démontrera, elle ne tient aucunement compte des processus réels de production puisque l'évaluation des revenus cadastraux ne peut être connue que par référence à un revenu approché du propriétaire. Dès lors, le revenu cadastral semble introduire une artificialisation évidente des cultures et des pratiques culturales, et donc de la valeur économique des espaces ruraux qui en sont le support, des pratiques culturales qui sont tout à fait déconnectées des valeurs dégagées en application de notre législation fiscale. Et bien évidemment, cette déconnexion, que nous avions dénoncé il y a longtemps déjà, est encore plus grande à l'égard de la valeur biologique, esthétique, écologique, en un mot environnementale des espaces ruraux. Le verdict peut alors tomber, implacable : la taxe foncière conduit du fait de ces défauts manifestes à la dégradation de nos espaces ruraux ; la réforme de la taxe, ou sa suppression le cas échéant, permettra de favoriser leur sauvegarde. La boucle est ainsi bouclée.

La critique est aisée, il n'est pas sûr qu'elle soit fondée. Les choses sont en effet peut-être moins simples qu'il n'y paraît de prime abord. Pourquoi en effet cette assiette plus ou moins artificielle de la taxe foncière pousserait-elle inéluctablement à la détérioration de l'environnement ? *En quoi la déconnexion de l'impôt par rapport aux biens d'environnement est-elle à l'origine de la dégradation des espaces ruraux ? Quels sont les liens de causalité qui unissent ces deux faits dont l'un relève du domaine des artefacts juridiques et l'autre de la réalité physique ?* Cette causalité résulte-t-elle de la sur ou sous-taxation de certains biens-fonds ruraux résultant des défauts techniques de l'impôt ? Cela étant admis, à quoi correspondent alors ces phénomènes économiques, sont-ils le fruit d'un "heureux" hasard ou la conséquence des fondements sociaux de la taxe foncière ? *La déconnexion écologique de l'impôt est-elle alors de même nature que le décalage sémantique et philosophique qui existe entre la valeur d'usage et d'échange des biens d'environnement, décalage qu'implique la préhension, l'appréhension et l'utilisation qui en résulte, de la nature par les désirs de la société des hommes, qui est la cause première de la destruction de notre environnement.*

Il fallait décidément aller plus loin. Et comme il est toujours plus simple de parler de choses claires, ne convient-il pas de commencer par examiner comment fonctionne notre taxe foncière. Or voilà déjà une première surprise. Car qui aujourd'hui connaît encore la taxe foncière ? Que dit effectivement la loi fiscale que l'on taxe si souvent d'obsolescence, que l'on accuse si facilement de tous les vices ? Les effets pervers attachés en un tour de main à la taxe foncière sont peut-être aussi et d'abord liés à l'environnement politique, économique, social dans lequel cette loi a été élaborée, ou plutôt s'est construite au fil des ans et par les conditions dans lesquelles elle est appliquée. Qui y porte encore quelque attention ? En un mot, une énorme ignorance n'est-elle pas aussi et d'abord à la base de toutes ces criailleries fiscales et écologiques ?

Voilà autant de questions auxquelles il nous incombe immédiatement de répondre.

PREMIERE PARTIE

LA TAXE FONCIERE OU L'ETRANGE VISION FISCALE DE L'ESPACE RURAL

La taxe foncière sur les propriétés non bâties est un impôt qui met en oeuvre de nombreux intervenants. Son rapport global correspond en fait à la somme des produits émis par plusieurs bénéficiaires.

Comme l'indiquait le Conseil des Impôts dans son rapport relatif à la fiscalité locale, les collectivités locales ne perçoivent effectivement que les trois quarts environ du produit total de l'impôt. Mais celui-ci n'est qu'une ressource financière d'importance décroissante et presque secondaire pour ces dernières et se situe de ce point de vue au dernier rang des quatre impôts directs locaux ; il ne représente plus pour ces dernières qu'environ 4 % des recettes fiscales réellement perçues (90). Il s'agit pourtant d'une ressource essentielle pour les communes rurales les moins peuplées, en particulier celles de moins de 700 habitants pour qui le

90. En ce sens, v. RICHARD (A.), Rapport au nom de la Commission des Finances de l'Assemblée Nationale sur le projet de loi de finances pour 1993, J.O. déb. Assemblée Nationale, 14 octobre 1992, ann. doc. 2945, vol. II 404 p., p. 90. Selon la Commission des Finances, la part de la taxe foncière dans le produit des quatre impôts directs locaux est passée de 5,5 % en 1982 à 4,9 % en 1987 et 3,8 % en 1991.

produit de cet impôt correspond au tiers de leurs recettes fiscales (91).

Cette recette locale présente deux caractères. D'une part, les cotisations par article de rôle sont en général assez faibles, de l'ordre de 805 F. en moyenne nationale en 1986. Dans les communes considérées comme rurales par l'INSEE (celles de moins de 2.000 H.), la cotisation moyenne est très proche de cette moyenne nationale (92). D'autre part, les taux d'imposition semblent en relation directe avec la taille et la localisation des communes. Cela entre certainement dans la logique d'un impôt alimentant des collectivités publiques autonomes et disposant de potentiels fiscaux variables. Le Conseil des Impôts distingue cependant trois faits importants. Tout d'abord, il semblerait que les taux d'imposition les plus élevés sont appliqués dans les départements du sud de la France, en particulier en Languedoc-Roussillon et Midi-Pyrénées (on observera que ce sont aussi les départements les moins industriels ; Cf. carte 1). D'autre part, la dispersion des taux communaux est révélatrice d'écarts très importants (le taux le plus bas en 1985 enregistré par le Conseil des Impôts était de 0,10 % contre 353,37 %, taux le plus élevé constaté dans une commune de Lozère). Enfin, la progression du taux communal entre 1981 et 1986 était généralement faible dans les petites communes (+ 4,6 % dans les communes de moins de 1.000 H.) et s'expliquerait par la volonté de ne pas surcharger fiscalement l'électorat agricole (93).

---

91. CONSEIL DES IMPOTS, *Dixième rapport au Président de la République relatif à la fiscalité locale*, op. cité, en particulier p. 205 et s..

92. CONSEIL DES IMPOTS, *Dixième rapport au Président de la République relatif à la fiscalité locale*, op. cité, p. 206, tableau 85.

93. CONSEIL DES IMPOTS, *Dixième rapport au Président de la République relatif à la fiscalité locale*, op. cité, pp. 206-210.

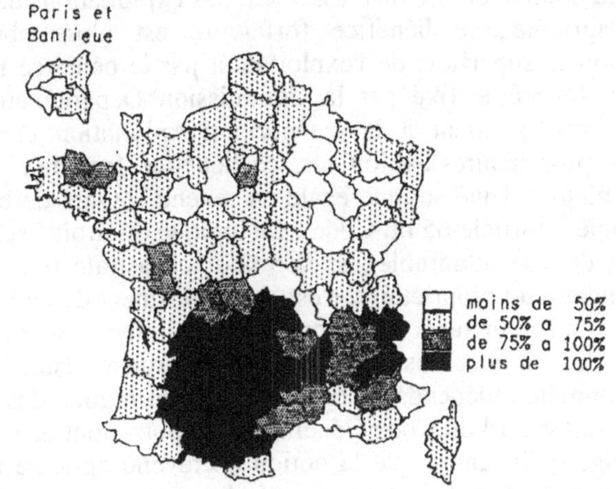

Carte 1 : Taux global moyen de la T.F.N.B. en 1987
Source : Conseil des Impôts, Dixième rapport relatif à la fiscalité locale, op. cité, p. 208

Pour le reste, la taxe alimente aussi le budget des Chambres d'Agriculture (selon l'article 1604 du Code Général des Impôts, la taxe pour frais de chambres d'agriculture est en effet calculée sur la même assiette que la taxe foncière sur les propriétés non bâties proprement dite) et le budget annexe des prestations sociales agricoles (article 1603 du Code Général des Impôts ; pour les propriétés agricoles cependant, cette taxe perçue par le B.A.P.S.A. a été supprimée, à compter de 1990 par l'article 20 de la loi de finances rectificative pour 1988, au profit d'une cotisation assise sur les revenus agricoles).

Par ailleurs, l'Etat lui-même utilise l'assiette de la taxe foncière pour déterminer certains revenus catégoriels soumis à l'impôt sur le revenu. Ainsi, l'article 64.2 du Code Général des Impôts prévoit que le bénéfice forfaitaire à l'hectare des exploitations de polyculture doit être fixé "par rapport au revenu cadastral moyen de l'exploitation affecté éventuellement de coefficients de correction...". En clair, cela signifie que le revenu cadastral moyen est retenu comme critère de classement des exploitations de chaque région agricole ; le bénéfice forfaitaire est alors obtenu en multipliant la superficie de l'exploitation par le bénéfice moyen à l'hectare, lui-même fixé par la Commission Départementale des Impôts, correspondant à la catégorie d'exploitation considérée. Pour les propriétaires-exploitants, ce bénéfice forfaitaire sera au surplus majoré d'une somme égale au revenu servant de base à la taxe foncière (article 65 du Code). La logique du droit fiscal est de ce point de vue admirable : si la valeur cadastrale représente la rente foncière du propriétaire, n'est-il pas pertinent de tenir compte de ce revenu pour taxer le propriétaire-exploitant dès lors que le revenu des immeubles affectés à l'exercice d'une activité professionnelle indépendante ne relève pas du régime des revenus fonciers (article 14 du Code Général des Impôts, dont on observera au passage qu'il ignore que la notion de revenu agricole mélange allègrement le bénéfice proprement dit et la rémunération des facteurs de production, dont le facteur terre) ? Enfin, en matière forestière, la loi dispose encore plus radicalement que le bénéfice agricole imposable est fixé à une somme égale au revenu ayant servi de base à la taxe foncière établie sur les propriétés forestières (article 76.1 du Code). On s'étonne moins dans ces conditions du caractère parfois bien fantaisiste de certains bénéfices agricoles ou forestiers dans la mesure où la hiérarchie des revenus cadastraux n'a par définition guère de correspondance avec celle des revenus d'exploitation.

Cette étrange accumulation de bénéficiaires et de fonctions ne doit pas étonner, elle est assez habituelle en matière financière et résulte tout simplement du traditionnel phénomène de stratification juridique qui caractérise souvent nos impôts et notre système fiscal, comme en témoignent les travaux d'archéologie fiscale que réalise parfois le juge de l'impôt. Or la taxe foncière sur les propriétés non bâties est aujourd'hui la plus ancienne, la plus méconnue, la plus contestée, de nos impositions locales, c'est un anachronisme d'une compréhension difficile pour un honnête homme de cette fin du XXème siècle pour qui elle apparaît comme une antiquité fiscale.

CHAPITRE I
UNE HISTOIRE DEJA LONGUE ET ANCIENNE

Créée par la Constituante par un décret des 23 novembre - 1er décembre 1790, en remplacement des vieux impôts directs de la monarchie, la taxe (contribution à l'origine) foncière s'inspire en fait très directement dans son économie générale, dans son champ d'application et son assiette, de certaines des anciennes dispositions de la fiscalité du roi qui, elles-mêmes, avaient déjà suscité tout au long du XVIIIème siècle de multiples tentatives d'établissement de cadastres fiscaux et de réforme fiscale.

La contribution foncière présentait tout d'abord quelque analogie avec l'impôt du vingtième qui était né, provisoirement (c'est souvent le cas en matière fiscale), en 1710 des difficultés financières de la fin du règne de Louis XIV, dont il fallut cependant s'accommoder de façon permanente à partir de 1750. Cet impôt frappait les revenus des biens ruraux mais de telle sorte qu'il était perçu sur la totalité de ce revenu distraction faite des charges. C'était donc le revenu net foncier qui était alors soumis à l'impôt.

Mais surtout, parmi les impositions monarchiques correspondant aux actuelles contributions directes figurait la taille qui elle-même se partageait en taille réelle et en taille personnelle. La taille réelle, qui ne s'appliquait que dans quelques provinces, en particulier les pays d'Etat comme la Provence et le Languedoc, était établie à raison des propriétés des contribuables et se composait d'une part de la taille d'exploitation, d'autre part de la taille d'occupation.

La taille d'exploitation avait pour base les propriétés non bâties et les propriétés bâties susceptibles de produire des revenus comme les usines ou les moulins. La taille d'occupation portait quant à elle sur les propriétés bâties destinées à l'habitation. Ces deux tailles étaient assises au lieu de la situation des biens et réglées sur le prix des baux pour les propriétés données à loyer, et pour les biens non affermés, par comparaison avec ceux qui étaient donnés en location. Les communes étaient divisées en vingt quatre classes suivant la valeur des terres qui les composaient. Le taux de la taille d'exploitation était proportionnel au revenu des terres et variait de façon décroissante en fonction de la classe dans laquelle était rangé chacun des fonds (94). Cette assiette fiscale s'appuyait souvent sur des compoix, sorte de matrices cadastrales établies par les communautés depuis la fin du Moyen-Age, qui finirent à la fin de l'ancien régime par s'accompagner de véritables plans s'inspirant des anciens terriers seigneuriaux (95).

Ce modèle offert par les pays de taille réelle allait inspirer de nombreuses tentatives de réforme de la taille personnelle, la plus décriée en raison de son injustice notoire. La taille personnelle devait se transformer en taille proportionnelle aux fortunes, ce qui impliquait un dénombrement et une estimation exacts du patrimoine des contribuables. Ces divers projets, et en particulier celui d'Impôt Territorial de 1787 qui se heurtera à la résistance des Parlements, prévoyaient en général une application uniforme de la taxe par unité de superficie selon un tarif qui variait en fonction de la classe dans laquelle était rangé le bien-fonds, à l'image des compoix des pays de taille réelle.

En fait, dès 1716, on songea à établir la taille proportionnelle dans tout le Royaume, en dehors des pays de taille réelle, sans aucun succès cependant. La taille proportionnelle allait néanmoins être mise en application dans plusieurs généralités, en particulier celles de Limoges, de Riom et de Paris, ainsi que dans certains villages bourguignons. Dans ces circonscriptions, la plupart des communautés furent progressivement cadastrées. Ainsi, en 1779, sous l'impulsion successive des intendants TOURNY puis TURGOT, les trois-quarts des paroisses du Limousin avaient été abonnées, le cadastre étant au surplus complété en partie par des levés topographiques. En Auvergne, on se contenta d'établir une sorte de matrice, dénommée arpentement, où les parcelles étaient

---

94. Sur ce point v. SAY (L.), *Dictionnaire des Finances*, Paris, Berger Levrault, 1889, vol. I, p. 1211-1212.

95. BLOCH (M.), *Les caractères originaux de l'histoire rurale française*, vol. II supplément, Paris, A. COLIN, 1956, 230 p., p. 170 ; FOUGERES (M.), Les plans cadastraux de l'ancien régime, *Revue des Annales d'Histoire Economique et Sociale*, 1946, p. 56.

groupées sous les noms des propriétaires et réparties par un arpenteur assisté de représentants des habitants en diverses classes fixées par la communauté. En Ile-de-France, l'introduction de la taille tarifée fut l'oeuvre de l'intendant BERTIER DE SAUVIGNY, vers 1776. Là aussi, la réforme provoqua l'établissement de plans indiquant simplement les natures de culture, plans qui inspirèrent très directement le cadastre par masses de culture qui, sous le Consulat en 1802, précéda l'établissement du cadastre parcellaire.

En 1763, le ministre BERTIN tenta de réaliser au plan national ce cadastre avec dénombrement et estimation des biens ; ce fut un échec en raison de l'opposition conjuguée des gros contribuables, habitués à payer beaucoup moins que l'impôt qui aurait dû correspondre à leur état réel de fortune, et des privilégiés, à la fois par intérêt et surtout par hostilité à toute nouveauté (96). Cet antagonisme d'intérêts autour de ce qui nous paraît être un simple problème de technique fiscale, était révélateur des rapports de force en train de se nouer dans les campagnes et la société de cette fin du XVIIIème siècle.

C'est en fin de compte dans les fracas révolutionnaires qu'allait se réaliser l'indispensable réforme du système financier de l'ancien régime. La refonte de la fiscalité, à laquelle s'attellera rapidement l'Assemblée Constituante, s'inspira cependant directement des anciens projets monarchiques qui confèrent aujourd'hui encore, pour une très large part, toute son originalité à la taxe sur les propriétés foncières non bâties.

Tout d'abord, le décret du 23 novembre - 1er décembre 1790 (97) allait retenir de l'impôt du vingtième le principe fondamental de l'imposition du revenu net foncier. Ce principe est consacré par l'article 2 du titre I de la loi qui disposait que "le revenu net d'une terre est ce qui reste à son propriétaire déduction faite sur le produit brut des frais de culture, semence, récolte et entretien".

---

96. BLOCH (M.), *Les caractères originaux de l'histoire rurale française*, vol. II supplément, op. cité, pp. 198-202.

97. La loi et son instruction d'application sont publiés au *Recueil des lois, décrets, ordonnances, règlements et avis du Conseil d'Etat* dit *Recueil Duvergier*, Paris, Guyot et Scribe, 1824, vol. II 486 p., p. 40 et s..

Par ailleurs, la loi accordait des exonérations ou des réductions d'imposition aux travaux d'amélioration foncière. Ainsi la cotisation des marais desséchés ne pouvait être augmentée pendant les vingt-cinq années suivant leur assèchement (article 5 titre III). L'impôt des terres en friche plantées ou semées en bois était lui aussi plafonné pendant les trente premières années (article 7) et celui des terres plantées en vignes ou en arbres fruitiers pendant vingt années (article 8). Il en allait de même de la cotisation des terres vaines et vagues depuis vingt-cinq ans mises en culture (article 6). Ces dispositions, là encore, ne sont que la transposition de règles antérieures, et notamment d'une déclaration royale du 14 juin 1764 qui exemptait pendant 20 ans de toute taille, dîme et imposition, les contribuables qui desséchaient des marais. De même, une autre déclaration royale du 13 août 1766 avait accordé une exemption de taille d'une durée de quinze années aux défricheurs de terres incultes (98).

L'assiette et le mode d'évaluation du revenu net foncier s'inspiraient quant à eux des anciennes dispositions relatives à la taille réelle et des projets de réforme qui avaient régulièrement agité la vie fiscale de la fin de l'Ancien Régime. Le nouvel impôt devait en effet être assis sur "le revenu net d'une terre" (article 2 du titre I de la loi), conçu plutôt comme la valeur locative de la propriété (c'est à ce moment que cette notion apparaît, semble-t-il, dans notre droit fiscal), et non sur le loyer réel perçu par le propriétaire ; l'instruction de la Constituante disposait en effet que "le véritable produit net" (visé par l'article 2 du titre I de la loi) correspondait "au prix moyen des fermages".

Cette valeur locative n'était d'ailleurs pas celle des baux réels mais plutôt la valeur moyenne que le loyer aurait dû atteindre s'il avait été correctement évalué compte tenu de la nature des terres données à ferme, évaluation du ressort des commissaires choisis au sein des conseils municipaux qui devaient statuer "en leur âme et conscience" (article 5 du titre II de la loi ; l'instruction précisait à ce propos, avec une candeur émouvante pour qui a quelque connaissance de la chose fiscale, que "cette opération exige, de la part de ceux que la confiance de leurs concitoyens en aura chargés,

---

98. Sur ces points, ARDANT (G.), *Histoire de l'Impôt,* Paris, Fayard, 1972, Livre II, 870 p., p. 168-169 ; v. également infra Troisième Partie.

un désintéressement et une impartialité qui leur fasse en quelque sorte méconnaître quel est le possesseur de la propriété..."). Selon l'article 3 du titre I de la loi, le revenu imposable était en effet constitué par "le revenu net moyen, calculé sur un nombre d'années déterminé". Comme l'observe R. SCHNERB, la taxe foncière avait été imaginée comme une sorte d'abonnement, assis sur le revenu net moyen foncier calculé sur un certain nombre d'années (quinze ans d'après l'instruction de l'Assemblée Constituante), en fonction de la qualité de la parcelle, d'après un classement effectué à un moment donné et une fois pour toutes. Il fallait donc faire abstraction des conditions réelles dans lesquelles les baux étaient conclus et des circonstances propres à influer sur les prix (et d'ailleurs, l'instruction faisait expressément défense aux évaluateurs d'exiger des fermiers la présentation de baux). A s'en tenir à la seule qualité de la terre, le classement et la tarification pouvaient alors être obtenus à l'aide d'un cadastre, un simple "tableau indicatif du nom des différentes divisions du territoire" établi par commune à l'origine, qui, au travers de la révélation du revenu imposable de chaque propriété, garantissait la réalité, la fixité et la stricte proportionnalité de l'impôt (99).

Ces principes de base régissent toujours, malgré de multiples avatars, notre droit positif.

La taxe foncière était ainsi conçue à la fois comme un impôt réel, portant objectivement sur la terre et fonction de sa qualité ("la contribution foncière a aussi pour un de ses principaux caractères, d'être absolument indépendante des facultés du propriétaire qui la paie..." disait l'instruction) et comme un impôt personnel s'appliquant au revenu net moyen du contribuable. L'Assemblée révolutionnaire avait de la sorte réussi le tour de force de créer un impôt à la fois réel car portant sur un immeuble, proportionnel et de quotité car, selon les termes de l'article 1 du titre I de la loi, le produit de l'impôt devait être "une somme fixe et déterminée annuellement par la législation" (cela apparaissait pour la propriété

---

99. SCHNERB (R.), Technique fiscale et partis pris sociaux : l'impôt foncier en France depuis la révolution, *Revue des Annales d'Histoire Economique et Sociale*, 1938, p. 116 ; l'article a été repris in *Deux siècles de fiscalité française : XIXème - XXème siècle*, Mouton, Paris, 1973, 323 p., p. 79 (et sera cité sous cette référence) ; en l'espèce p. 83.

rurale comme une garantie fondamentale contre l'augmentation arbitraire de l'impôt, ce qui caractérisait jusqu'alors la taille). Ces qualités furent et sont encore à la base de toutes les ambiguïtés que présente la taxe foncière sur les propriétés non bâties.

La mise en place de cette réforme nécessitait aussi obligatoirement l'établissement d'un cadastre (100) qui seul permettait l'institution d'un impôt de quotité, synonyme enfin d'équité fiscale. Ce point ne fut pas perdu de vue par l'Assemblée Constituante qui vit grand mais fit malheureusement étriqué, faute de temps et de moyens. En se refusant à créer une véritable administration fiscale et financière (et donc le cadastre), surtout effrayé par la dépense et l'importance du travail à accomplir, le législateur révolutionnaire rendit fort difficile l'établissement et le recouvrement de la taxe foncière qui venait d'être instituée. L'impôt fut donc partagé entre les contribuables dans les premiers temps d'après les informations foncières de la défunte monarchie, l'Assemblée se contentant d'adopter dans ses grandes lignes l'ancien tableau de "répartement" ! Ce faisant, elle optait, conformément d'ailleurs aux modalités de recouvrement mises en place en 1790, implicitement pour une taxe foncière conçue comme un impôt de répartition, dont le montant global, fixé d'avance, se partageait de degré en degré entre les diverses circonscriptions administratives jusqu'aux redevables.

Ce débat entre la répartition et la quotité est en lui-même tout à fait révélateur des affrontements sociaux auxquels l'édification du nouveau système fiscal donnait lieu. L'impôt de répartition s'accorde en effet beaucoup mieux que l'impôt de quotité (ou le produit global de l'impôt n'est pas connu et résulte de l'application d'un taux à une assiette) à une conception strictement individualiste et libérale, en un mot bourgeoise, des libertés publiques et du rôle social et économique d'un l'Etat qui n'avait pas "à mettre son nez" dans les affaires privées (la privauté pris en son sens ancien) du citoyen ; et quoi de plus privé que les revenus de ce dernier ! La répartition présentait en outre l'immense mérite d'affranchir le contribuable de toute espèce de discussion avec un fisc détesté en

---

100. V. à ce propos l'ouvrage de référence de MAURIN (A.), *Le cadastre en France*, Marseille, Ed. du C.N.R.S., 1990, 413 p..

1790 (mais en le soumettant à des pressions et passions locales non moins redoutables, comme le remarquaient fort justement les partisans du principe de quotité).

Mais surtout, cette réorientation de la contribution foncière ouvrait aussi un âpre débat autour des fonctions fiscales du cadastre, diatribe qui allait durer plus d'un siècle.

La première tentative sérieuse d'établissement d'un cadastre fut prise sur l'initiative du Consulat avec la création par un arrêté du 12 brumaire de l'an XI (3 novembre 1802) d'un éphémère cadastre par masses de cultures (1802-1803), qui consista simplement en une centralisation dans un registre d'une quarantaine de volumes des résultats d'une évaluation globale des revenus imposables, par communes, arrondissements et départements. On se rendit toutefois rapidement compte qu'un tel document était d'un intérêt fort limité car la répartition de l'impôt au dernier degré était laissé "à l'incompétence et à la partialité des répartiteurs locaux" (101).

La confection du cadastre parcellaire ne fut vraiment entreprise qu'avec la loi du 15 septembre 1807 (102), sous l'impulsion décisive de NAPOLEON et de son fidèle ministre des Finances GAUDIN. En 1814, 37 millions de parcelles étaient recensées. Puis les choses traînèrent... On s'était aperçu que la péréquation de l'impôt, qu'une connaissance approfondie de l'assiette de la contribution foncière laissait espérer, se heurtait à de multiples obstacles, politiques surtout car impliquant de vastes et douloureux transferts de charges, techniques aussi car l'opération, de plus en plus, apparaissait "inexécutable dans un pays aussi étendu que la France, et dont les productions sont aussi variées et d'une valeur locale si différente" (103). Cette difficulté n'avait pas échappé à GAUDIN qui pour y couper court n'avait pas hésité à inscrire dans la loi de 1807 le principe de la fixité des évaluations cadastrales, solution logique d'ailleurs puisque les évaluations cadastrales se

---

101. SCHNERB (R.), art. cité, p. 86 ; MAURIN (A.), op. cité, p. 33.

102. Loi relative au budget de l'Etat, du 15 septembre 1807, articles 23 et s., *Recueil Duvergier*, vol. XVI, p. 184.

103. *Mémoires du duc de Gaëte*, vol. II p. 262, cité par SCHNERB (R.), art. cité, p. 87.

fondaient sur la fertilité de la terre, fertilité qui par définition ne variait pas quelles que soient les productions agricoles dont elle était le support obligé. Bref, dès 1821, le législateur enterra l'ambitieux projet de 1807 et gela toute évolution postérieure de la contribution foncière en proclamant le principe de la fixité des contingents départementaux : comme l'observe R. SCHNERB, "les travaux du cadastre ne trouvèrent plus leur emploi qu'au dernier degré de la répartition, entre les contribuables de la commune" (104) ; il n'importait plus à l'Etat que les revenus assignés aux parcelles représentent ou non exactement les revenus imposables, leur estimation était définitivement abandonnée aux représentants des contribuables avec tous les risques d'injustice qu'impliquait un tel recul. En fin de compte, le cadastre ne fut achevé en France continentale qu'entre 1840 et 1850 (1880 en Corse). Ses plans et matrices étaient alors périmés dans les lieux où ils avaient été confectionnés à la première heure de sorte que le ministère des Finances envisageait déjà sa refonte. En 1886, une enquête dénombrait 13.205 communes à réarpenter entièrement et 21.785 partiellement.

Durant tout le XIXème siècle, la question de la réforme du cadastre, tel un leitmotiv wagnérien (il faut avouer qu'il s'agissait d'un travail de titan) resurgira selon un rythme décennal, mais, pour de multiples raisons (oppositions politiques, crises agricoles, part croissante des contributions indirectes dans le budget de l'Etat qui favorisera par ailleurs la baisse tendancielle des taux d'imposition de la taxe foncière durant le XIXème siècle qu'impliquait la fixité des évaluations cadastrales et des contingents départementaux), les gouvernants se contentèrent de ne rien faire. En définitive, c'est une loi du 16 avril 1930 (105) qui prescrira une rénovation générale des anciens plans cadastraux, modifiée depuis lors par deux décrets du 4 janvier et du 30 avril 1955 (106), qui est à l'origine du cadastre actuel.

---

104. SCHNERB (R.), art. cité, p. 87.

105. Portant fixation du budget général de l'exercice 1930-1931, J.O. du 17 avril 1930, p. 4218, D. 1930 IV 265.

106. Décret 55.22 du 4 janvier 1955, J.O. du 7 janvier 1955, p. 346 ; décret 55.471 du 30 avril 1955, J.O. du 3 mai 1955, p. 4381.

En fin de compte, s'il permit d'assurer de façon un peu plus satisfaisante la répartition des impositions entre propriétaires d'une même commune (107), le cadastre n'en constituait pas moins, dans une large mesure, un fiasco technique dont on se garda pourtant de mesurer les conséquences sur la conception même de la contribution foncière.

En effet, la fixité des contingents départementaux instituée en 1821, conséquence de celle des évaluations cadastrales proclamée par le législateur dès 1807, détachait complètement la taxe foncière des réalités économiques et des revenus réels des contribuables. Les principes de réalité et de proportionnalité qui avaient inspiré l'oeuvre de la Constituante s'étaient rapidement dissous dans l'inertie fiscale du XIXème siècle. Née sous le signe du progrès, la technique fiscale mise en oeuvre au travers de la taxe foncière était finalement la source d'injustices considérables ; elle fut dénoncée d'abondance par des hommes aussi divers que LEROY-BEAULIEU, PROUDHON, CAILLAUX ou JAURES... Arbitraire des contingents départementaux (qui reproduisaient avec une certaine modération les inégalités de l'Ancien Régime), iniquités entre contribuables car les grands propriétaires fonciers étaient favorisés, la contribution foncière cumulait des maux dont l'actuelle taxe sur les propriétés foncières non bâties porte encore les traces.

La taxe foncière actuelle est en effet l'héritière en ligne directe de l'ancienne contribution foncière. Jusqu'en 1917, la contribution avait été une ressource à la fois de l'Etat et des collectivités locales. En 1917, la part revenant à l'Etat devint une cédule de l'impôt sur le revenu de sorte que les impositions locales se trouvèrent formellement dissociées de l'impôt d'Etat. Les parts des communes et des départements subsistèrent alors jusqu'en 1948 sous forme de centimes additionnels au principal qu'était l'impôt cédulaire établi pour l'Etat. Puis la réforme fiscale du 9 décembre 1948 substitua à l'impôt cédulaire une taxe proportionnelle sur le revenu des personnes physiques, assise sur les revenus immobiliers réels des contribuables. La contribution foncière que percevaient toujours les

---

107. Sur ces points, v. les observations de DESERT (G.), SPECKLIN (R.), in *Histoire de la France rurale*, Paris, Le Seuil, 1987, vol. III 568 p., pp. 130-134.

collectivités locales se trouva du coup calculée au travers de centimes additionnels à un principal fictif. En fin de compte, la contribution foncière va définitivement sombrer dans les brouillards du passé à l'occasion de la réforme des finances locales opérées par l'ordonnance du 7 janvier 1959, qui créait formellement, au profit des collectivités locales, la taxe foncière sur les propriétés non bâties, une taxe foncière qui ressemblait étrangement à l'impôt défunt. Par rapport à la contribution foncière, l'ordonnance de 1959 n'apportait en effet que deux maigres nouveautés. En premier lieu, elle prescrivait une révision générale des bases d'imposition, en se gardant toutefois de remettre en cause leurs fondements théoriques. D'autre part, elle prévoyait la transformation des impositions locales en impôts de quotité, ce qui impliquait le vote direct des taux d'imposition par les collectivités locales, dispositif qui ne fut introduit dans notre droit positif que vingt-deux ans plus tard par la loi du 10 janvier 1980 (mais en fait, compte tenu de la manière dont sont élaborés et adoptés les budgets des collectivités locales, la loi de 1980 n'a pas grandement modifié le caractère d'impôt de répartition des impôts directs locaux).

Fille de l'ancienne contribution foncière, il était dès lors logique que la taxe foncière reproduise les traits et les défauts de caractère de son illustre aînée. Conformément à notre tradition juridique, la taxe foncière s'applique ainsi à l'ensemble des propriétés non bâties de toute nature sises en France sauf celles qui en sont exonérées de façon permanente ou de façon provisoire par une disposition spéciale prise le plus souvent dans le seul souci d'encourager l'agriculture. L'article 1393 du Code Général des Impôts dispose en effet que "la taxe foncière est établie annuellement sur les propriétés non bâties de toute nature sises en France, à l'exception de celles qui en sont expressément exonérées par les dispositions du présent code" et précise expressément qu'elle est due pour les terrains occupés par les chemins de fer, les mines, carrières, tourbières, marais salants ou serres affectées à une exploitation agricole.

Les exonérations sont soit permanentes (elles sont motivées par des préoccupations d'utilité publique), soit temporaires et s'analysent alors comme des dépenses fiscales en faveur de certaines activités que l'Etat (souvent sous l'influence de groupes de pression) a jugées dignes d'intérêt.

Les exonérations permanentes, définies par l'article 1394 du Code, concernent essentiellement certaines propriétés publiques affectées à un service public ou d'utilité générale et improductives de revenus ; la loi vise en particulier les jardins attenant aux bâtiments publics, les cimetières (nos morts reposent ainsi en franchise fiscale), les fortifications ou les jardins familiaux. On précisera que les terrains passibles de la taxe foncière sur les propriétés bâties sont eux-mêmes exonérés de taxe sur les propriétés non bâties.

Les exonérations temporaires, visées par les articles 1395 et 1395 B du Code, datent presque toutes de l'époque napoléonienne. Le Code Général des Impôts a en effet pour l'essentiel repris tout simplement les vieilles dispositions de la loi du 3 frimaire de l'an VII qui exonérait pour une longue durée les terres nouvellement mises en exploitation. Cette loi ne faisait d'ailleurs que reprendre les règles posées par le titre III du décret de la Constituante, qui lui-même s'inspirait du vieux droit monarchique. Le Code fixait trois sortes d'exonérations temporaires, qui en 1987 concernaient effectivement 631.728 parcelles (soit 0,6 % du nombre total de parcelles) (108).

En premier lieu sont exonérés de taxe les terrains ensemencés, plantés ou replantés en bois pour une durée de trente ans ; nous n'y reviendrons pas.

Il en allait de même pour les marais desséchés pour une période de vingt ans suivant le dessèchement ayant rendu propres à la culture les terrains en cause. Cette règle, vieux souvenirs des temps anciens où ces vastes opérations, bien souvent dirigées par des spécialistes hollandais, apparaissaient comme les premiers balbutiements d'une agriculture à caractère capitaliste, avait cependant fait l'objet de nombreuses critiques ces dernières années ; l'assèchement des marais et zones humides, qui constituent des zones de sauvegarde de nombreuses espèces végétales et

---

108. CONSEIL DES IMPOTS, *Dixième rapport au Président de la République relatif à la fiscalité locale*, op. cité, p. 185.

animales de première importance (109), était en effet en complète contradiction avec les politiques communautaires et nationales de protection de l'environnement. Ces critiques amenèrent dans un premier temps le législateur à subordonner l'exonération des marais à une délibération spéciale des collectivités locales (article 94 de la loi de finances pour 1990 (110)), puis l'année suivante à la supprimer purement et simplement (article 107 de la loi de finances pour 1991 (111)).

Les terres incultes ou en friche depuis quinze ans et qui étaient mises en cultures ou plantées en arbres fruitiers bénéficiaient aussi, jusqu'en 1992, d'une exonération pour une durée de dix ans. Mais cette mesure, d'une portée financière d'ailleurs très réduite (le Conseil des Impôts indiquait que le montant des bases d'imposition exonérées à ce titre représentait environ 3 millions de F. (112)), était en complète contradiction avec les nouvelles orientations de la politique agricole et en particulier le développement du gel des terres ; aussi a-t-elle été supprimée à compter de 1992 par l'article 81 de la loi de finances pour 1992.

La loi de finances pour 1990 (articles 80 et 81) y a ajouté deux nouvelles mesures en prévoyant l'exonération pendant huit ans des terrains plantés en noyers et, jusqu'à leur entrée en production (durée fixée en définitive à quinze ans par l'article 34 de la loi du 26 juillet 1991 (113) en raison des difficultés posées par la constatation de l'entrée en production...), des terres plantées en arbres truffiers. Là encore, l'application de ces mesures est subordonnée à une délibération des collectivités locales.

---

109. Sur la gestion des zones humides, v. ROMI (R.), *Les espaces humides. Le droit entre protection et exploitation des territoires*, Paris, L'Harmattan, 1992, 122 p..

110. Loi 89.935 du 29 décembre 1989, J.O. du 30 décembre 1989, p. 16.337.

111. Loi 90.1168 du 29 décembre 1990, J.O. du 30 décembre 1990, p. 16.367.

112. CONSEIL DES IMPOTS, *Dixième rapport au Président de la République relatif à la fiscalité locale*, op. cité, p. 185.

113. Loi 91.716 du 26 juillet 1991 portant diverses dispositions d'ordre économique et financier, J.O. du 27 juillet 1991, p. 9955.

Ces dispositions dénotent apparemment un certain changement dans l'attitude des pouvoirs publics vis à vis des problèmes posés par la taxe foncière au regard d'une politique de protection des espaces naturels. La suppression en quatre ans des parts départementale et régionale de la taxe, prévue par l'article 9 de la loi de finances pour 1993 (114) dans le cadre du plan d'accompagnement de la réforme de la P.A.C. (le coût de cette mesure est estimé à terme à 2,8 milliards de F.), qu'annonçait le dégrèvement partiel des prés et herbages (à savoir 70 % de la part régionale et départementale de la taxe foncière) institué par l'article 6 de la loi de finances pour 1991 (modifié par les articles 14 de la loi de finances pour 1992 et 9 de la loi de finances pour 1993) au profit des exploitants agricoles (et non pas des redevables de l'impôt), semble procéder du même esprit. Cette évolution est cependant assez ambivalente. En réalité, compte tenu du contexte général qui présidait à leur édiction, ces mesures s'analysent surtout comme des éléments d'une politique plus globale d'aide à une agriculture plus ou moins sinistrée, et dont l'environnement tire profit en quelque sorte par ricochet.

La perte de produit fiscal qu'engendrent les exonérations temporaires de taxe foncière n'est financièrement pas très élevée. Elle était estimée par le Conseil des Impôts en 1987 aux environs de 111 millions de Francs , c'est-à-dire un peu plus de 1 % du produit annuel de l'impôt. Au demeurant, le démantèlement des parts régionale et départementale (partiellement) comme l'exonération des bois, mesures les plus coûteuses, font l'objet d'une compensation financière par l'Etat.

---

114. Loi 92.1376 du 30 décembre 1992, J.O. du 31 décembre 1992, p. 18.058, modifiée, s'agissant de la part départementale, par l'article 6 de la loi de finances rectificative pour 1993, 93.859 du 22 juin 1993, précitée.

CHAPITRE II

L'ETONNANTE ASSIETTE DE LA TAXE FONCIERE

La taxe sur les propriétés non bâties est assise, selon l'article 1396 du Code, sur le revenu cadastral des propriétés foncières. Ce revenu cadastral est lui-même égal à la valeur locative cadastrale des propriétés non bâties diminuée d'un abattement forfaitaire de 20 %. Notion centrale, la valeur cadastrale exprime ainsi, selon le vieux schéma mis en place par la Constituante, la valeur fiscale des différentes parcelles cadastrées des bans communaux, elle-même fonction de leur valeur agricole et de leur usage productif. "A travers cette valeur cadastrale, l'appréhension de la valeur agricole de la terre semble tout à fait simple puisque l'usage productif du sol est clairement énoncé et pris en compte" écrivait D. BARTHELEMY (115). Cette proposition doit cependant être accueillie avec beaucoup de prudence.

En réalité, la notion même de valeur ou évaluation cadastrale pose de très gros problèmes de signification. La clé de sa compréhension se trouve dans l'origine historique ancienne et l'inertie qu'ont manifesté les règles d'assiette de cet anachronisme fiscal qu'est la taxe foncière sur les propriétés non bâties, malgré le nouvel et récent ravalement dont elles ont fait l'objet au travers de la loi du 30 juillet 1990.

---

115. BARTHELEMY (D.), Comment mesurer la valeur des terres, *Etudes Foncières*, 1985, n° 28, p. 3.

I. La subtile notion de valeur cadastrale.

L'article 1396 du Code Général des Impôts dispose que la taxe foncière sur les propriétés non bâties est établie d'après la valeur locative cadastrale de ces propriétés, déterminée conformément aux règles définies par les articles 1509 à 1518 A et sous déduction de 20 % de son montant. L'article 1509 définit cependant de façon fort sommaire cette valeur locative en prévoyant simplement qu'elle résultait des tarifs fixés par nature de culture et de propriété, conformément aux règles tracées par une instruction ministérielle du 31 décembre 1908 (116).

Ainsi, assez curieusement, le Code Général des Impôts ne précise pas directement l'assiette de la taxe foncière, il se contente d'en traiter au travers de son mode de détermination, lui-même régi par les articles 1510 et suivants du Code. Pourtant la question est d'importance car l'assiette de l'impôt détermine souvent les caractères de ce dernier et les présupposés sociaux sous-jacents à son élaboration.

Comme la loi y invite, il convient donc de se référer à l'ancienne instruction du 31 décembre 1908 relative à l'évaluation des propriétés non bâties, ayant pris force de loi lorsque la révision des bases d'imposition réalisée à l'époque en application de l'article 3 de la loi du 31 décembre 1907 (117), et pour laquelle l'instruction avait été élaborée, fut adoptée par le Parlement le 31 mars 1914. Son objet était de déterminer le ***revenu net*** actuel des propriétés non bâties, lui-même conçu, selon l'article 1 de l'instruction qui prenait acte des débats parlementaires de l'époque, comme le "prix du loyer que le propriétaire tire de ses immeubles lorsqu'il les afferme ou s'il les exploite lui-même, celui qu'il pourrait en tirer en cas de location". La valeur cadastrale ne se confondait donc aucunement avec les revenus de l'exploitation agricole. Est-ce à

---

116. *Bulletin des Contributions Directes et du Cadastre*, 1909, p. 170, 219, 283 et 333 ; les parties les plus importantes de l'instruction sont par ailleurs publiées dans la Documentation Administrative de base, série 6 CD, 6 B 20, en date du 15 décembre 1988.

117. Loi portant fixation du budget de 1908, du 31 décembre 1907, *Bulletin des Contributions Directes et du Cadastre*, 1908, p. 173.

dire qu'elle s'identifiait pour autant au loyer réel (ou fictif en cas de faire-valoir direct) de la terre, au revenu que son propriétaire tirait ou aurait pu tirer de sa location (118) ? Nous ne le pensons pas.

Lors de son établissement en 1791, l'assiette de la taxe foncière était définie par l'article 2 du titre II de la loi du 1er décembre 1790 comme "ce qui reste à son propriétaire, déduction faite sur le produit brut des frais de culture, semences, récoltes et entretien". Pour D. BARTHELEMY, il faudrait comprendre par là le résultat net de l'exploitation agricole. Mais la Constituante allait également préciser que le produit net en cause n'était autre que le prix moyen des fermages, de sorte qu'"une grande connaissance des récoltes que donne un territoire, des avances et des frais qu'elles exigent, peut suppléer amplement à tous ces calculs... Il faudra donc que chaque estimateur se pénètre de ces principes, et se dise à lui-même : si j'étais propriétaire de ce bien, je pourrais trouver à l'affermer raisonnablement tant. Si j'étais dans le cas d'être fermier, je pourrais en rendre la somme de..., c'est-à-dire, le prix que serait affermé cette propriété, lorsque, pour son exploitation, le propriétaire ne fournirait ni bâtiments... mais serait chargé d'en acquitter la contribution foncière " (119).

D. BARTHELEMY voit dans cet amalgame de définitions (le revenu net serait le loyer), reproduites depuis lors par la législation postérieure, comme étant à l'origine du glissement sémantique dont la définition de la valeur locative proposée par le Conseil des Impôts serait l'aboutissement. Pourtant, en réalité, ce glissement n'est qu'apparent, illusoire car il repose tout simplement sur une mauvaise interprétation de la définition juridique, de la vraie nature, du revenu cadastral.

Le revenu cadastral ne représente en effet ni le loyer perçu en contrepartie de la location des terres, ni le résultat net de l'activité agricole. Deux séries d'arguments vont directement à l'encontre de telles conclusions et en faveur d'une autre définition du revenu

---

118. En ce sens, CONSEIL DES IMPOTS, *Dixième rapport au Président de la République relatif à la fiscalité locale*, op. cité, p. 167.

119. Instruction de la Constituante, précitée, *Recueil Duvergier*, op. cité, p. 50 ; v. également BARTHELEMY (D.), Impôt foncier agricole : une disparition attendue, *Etudes foncières*, 1990, n° 49, p. 6.

cadastral, que confirment par ailleurs les techniques d'évaluation mises en oeuvre par le législateur.

On observera pour commencer qu'une vision de l'impôt foncier assis sur une valeur cadastrale conçue comme le revenu net du propriétaire perçu sous forme de loyer est en complète contradiction avec le souci évident des hommes de la Constituante d'éviter tout contact direct entre le contribuable et le fisc. Comme le remarque R. SCHNERB (120), l'Assemblée Constituante voulait une contribution foncière indépendante des facultés générales du contribuable, autrement dit ignorante de ses revenus réels. Le souvenir des exactions, des voleries fiscales commises par le fisc royal (au XVIIème siècle surtout) au détriment des taillables, n'était en effet que trop vivace pour empêcher toute résurgence d'un impôt direct par trop personnel. Parmi d'autres, VAUBAN, dans sa Dîme Royale, en porte témoignage : "dans les paroisses taillables, écrivait-il, ce n'est ni la bonne chère, ni la bonne ou mauvaise fortune qui règlent la proportion de l'imposition ; mais l'envie, le support, la faveur et l'animosité... Que si quelqu'un s'en tire, il faut bien qu'il cache le peu d'aisance où il se trouve, que ses voisins n'en puissent pas avoir la moindre connaissance...". Et de poursuivre à propos du recouvrement : "il est même assez ordinaire de pousser les exécutions jusqu'à dépendre les portes des maisons après avoir vendu ce qui était dedans, et on a vu démolir pour en tirer les poutres, les solives et les planches, qui ont été vendues cinq ou six fois moins qu'elles ne valaient, en déduction de la taille" (121). C'est pour cette raison essentielle que la valeur locative avait été conçue, en dépit d'une formulation qui nous paraît aujourd'hui maladroite, non pas comme le revenu du propriétaire, mais comme le prix de la fertilité de la terre, le revenu de la terre ; R. SCHNERB le démontre aisément, l'impôt de la Constituante était d'abord un impôt réel, attaché au fonds, portant sur la chose et non pas sur les revenus que procurait l'activité liée à cette chose. L'instruction de la Constituante est à cet égard plus qu'explicite : "la contribution foncière a aussi pour un de ses principaux caractères, d'être absolument indépendante des facultés du

---

120. SCHNERB (R.), art. cité, p. 83.

121. Cité par BELTRAME (P.), MEHL (L.), *Science et technique fiscales*, op. cité, p. 750-751.

propriétaire qui la paie ; elle a sa base sur les propriétés foncières, et se répartit à raison du revenu net de ces propriétés. On pourrait donc dire avec justesse que c'est la propriété qui seule est chargée de la contribution, et que le propriétaire n'est qu'un agent qui l'acquitte pour elle, avec une portion des fruits qu'elle lui donne" (122). Voilà qui est clair et qui autorisait, bien plus tard, JAURES à déclarer en janvier 1894 devant la Chambre des Députés que "les quatre contributions directes portent non pas sur le revenu total de la personne, mais sur les choses mêmes... " (123). La description que donnaient de l'impôt les juristes du XIXème siècle, selon qui "c'est la propriété seule, par elle-même en quelque sorte, qui est chargée de la contribution, le propriétaire n'étant qu'un agent qui l'acquitte pour elle avec une portion des fruits qu'elle lui donne" était de ce point de vue parfaitement justifiée (124). Aujourd'hui encore, n'est-ce pas l'immeuble (et non pas le loyer ou le revenu agricole) qui supporte l'impôt foncier dans la commune où il est situé (v. en ce sens les articles 1393 et 1399 du Code Général des Impôts).

Cette formulation, traditionnelle puisqu'elle date de 1790, est en l'espèce lourde de sens politique. Elle exprime en effet, au travers d'une terminologie absconse, une revendication juridique et politique particulièrement significative à la fin du XVIIIème siècle, celle d'un système fiscal enfin respectueux de la liberté et de la dignité humaine, celle d'un système refusant la délation, même sous la forme d'une déclaration déposée par le contribuable lui-même (déclaration d'ailleurs éminemment suspecte...), celle d'un système fiscal prohibant surtout une subjectivité et une inquisition fiscales détestées, celle d'un système fiscal conforme aux idées d'une école individualiste, libérale et bourgeoise issue en droite ligne des tendances philosophiques du XVIIIème siècle. La contribution foncière était ainsi tout à fait assortie aux désirs d'une "classe de propriétaires moyens, hostiles aux anciens privilèges, mais désireuse de se prémunir contre les dangers d'un impôt assis

122. Instruction précitée, *Recueil Duvergier*, op. cité, p. 45.

123. Cité par SCHNERB (R.), art. cité p. 88.

124. Sur ce point, v. p. ex. BEQUET (L.), *Répertoire du droit administratif*, Paris, Ed. P. Dupont, 1885, tome IV, p. 12, n° 264.

sur la fortune personnelle, d'après des déclarations contrôlées par un personnel professionnel, impôt qui aurait pu devenir progressif et, en tout cas, serrerait d'assez près les plus values" (125). La valeur locative apparaît donc sous son vrai aspect, celui d'une assiette fiscale déterminée en fonction des intérêts de la classe sociale qui s'était saisie du pouvoir. "Liberté, propriété, fiscalité", telle aurait aussi pu être la devise de la Constituante !

Cette référence générale à la philosophie libérale et bourgeoise de notre première assemblée parlementaire est cependant impuissante à expliquer d'un point de vue technique l'adoption de la valeur cadastrale comme assiette de l'impôt ; ce choix reposait aussi sur certaines options économiques déterminées. A cet égard, on sait que les députés de l'Assemblée Constituante, et en particulier les hommes de son Comité des Impositions dont le rapporteur n'était autre que DUPONT DE NEMOURS, étaient trop imprégnés des idées physiocratiques pour concevoir un impôt dont l'assiette aurait été constituée par le revenu de l'activité agricole. Les physiocrates distinguaient en effet très nettement le revenu tiré de l'exploitation, contrepartie du travail fourni, de la rente foncière c'est à dire le produit net de la terre dû à la générosité, la munificence, de la nature qui était perçue par le propriétaire (126). Comme le remarquait J. CAILLAUX en 1907, "dans le système des parcelles, on ignore, on veut ignorer non seulement les personnes mais même les réalités pour ne connaître que des moyens, que des fictions. On suppose que deux terres d'égale étendue, de qualité à peu près comparable, consacrées à une même nature de culture, rapportent le même revenu, quelles que soient par ailleurs les conditions dans lesquelles elles sont exploitées". C'est bien en ce sens aussi qu'il faut comprendre l'article 2 du titre I de la loi du 1er décembre 1790 interprété à la lumière de l'instruction qui l'accompagnait, le revenu net n'était pas le résultat de l'activité, de l'exploitation mais la rente raisonnable du propriétaire. Et comment évaluer cette rente si ce n'est au travers de certains indices tels la nature des cultures, la situation de la parcelle, son relief, la qualité de ses sols ; la valeur de la rente pouvait ainsi être déterminée par référence "au prix **moyen** des

125. SCHNERB (R.), art. cité, p. 102.

126. Ces points seront plus particulièrement développés infra Troisième Partie.

fermages" des terres d'une même catégorie, à la rente qu'un bon père de famille pouvait sagement en retirer ; la rente s'apparente ainsi à une fonction (au sens mathématique du terme) de la parcelle, une fonction dont les variables seraient, selon l'Assemblée, à la fois la qualité de la terre et les soins objectifs qu'elle nécessitait. Le revenu imposable, c'est le "produit moyen qu'elle peut donner, en suivant la culture généralement usitée dans le pays, et sans égard à l'espèce de fruits dont elle est chargée ou doit l'être dans l'année" (127). Plus une terre est naturellement fertile, plus sa rente foncière est naturellement élevée, rente foncière que la moyenne des fermages dûs pour des terres de même catégorie permettait d'évaluer. En aucun cas, le travail de l'homme ne devait être pris en compte dans cette évaluation car, disait encore l'instruction, "il est de la justice et de l'intérêt de la Nation de ne pas surtaxer les avances hasardées et les peines de l'homme laborieux qui a l'avantage d'augmenter la vraie richesse de son pays".

Aujourd'hui encore, l'assiette de la taxe foncière sur les propriétés non bâties correspond à ce vieux canevas. Le revenu cadastral, conçu essentiellement comme une variable de la productivité du sol, apparaît comme l'une des caractéristiques juridiques fondamentales de la taxe sur le foncier non bâti. C'est cela qui explique que, selon l'article 34 de l'instruction de 1908, les terrains de bonne qualité mais affectés à des cultures peu rémunératrices (pour l'élevage ou l'entretien du gibier par exemple) devaient être classés suivant le revenu qu'ils produiraient s'ils étaient cultivés normalement en fait. C'est aussi la raison pour laquelle l'inexploitation de parcelles ne suffit pas à modifier leur classement qui dépend seulement des données relatives à leur fertilité naturelle, évaluée objectivement, et à leur situation (128).

---

127. Instruction précitée, *Recueil Duvergier*, op. cité, p. 51.

128. V. par exemple, C.E. 12 décembre 1979, req. n° 13341, Sieur AUBERT, R.J.F. 1980, n° 122 ; CE 24 avril 1974, Santanach, ou encore, 7 février 1951, req. 87.714, cités in Documentation Administrative série 6 CD, 6 B 11 n° 4 en date du 15 décembre 1988 ; s'agissant du régime fiscal de parcelles improductives incluses dans un périmètre de réservation empêchant le propriétaire d'en disposer, v. rép. min. à M. VOILQUIN n° 1213, J.O. déb. Ass. Nat., 3 octobre 1967, p. 3783.

Dans ces conditions, on comprend mieux pourquoi il est impossible de prendre en compte les modes d'exploitation des terres et en particulier de traduire fiscalement les écarts de revenu réels qui sont la conséquence des changements intervenus dans les méthodes de culture.

Cette conception de la notion de valeur cadastrale devait cependant être mise en oeuvre au travers de techniques d'évaluation respectueuses des principes sur lesquels était fondée l'assiette de la contribution foncière ; la Constituante, imitée en cela par les Assemblées qui lui succédèrent, crut trouver la panacée dans le "tarif". Le remède allait cependant se révéler être aussi un poison à l'origine des considérables difficultés que présente la détermination concrète des valeurs cadastrales.

II. La difficile détermination des valeurs cadastrales.

Les règles de procédure ne sont autre chose que l'expression dynamique d'un principe juridique, c'est la règle juridique mise en action ; rien d'étonnant dans ces conditions que la règle de procédure détermine la portée effective du principe en cause. En l'espèce, deux impératifs devaient être absolument pris en compte.

Tout d'abord, les évaluateurs ne devaient pas être inféodés au fisc, d'où l'intervention de nombreuses commissions de contribuables qui illustraient l'application des principes de la démocratie représentative en matière fiscale (et permettaient de faire l'économie d'une administration fiscale, du moins aux premiers temps de la Révolution).

Surtout, l'assiette de l'impôt devait correspondre à la rente foncière objective de l'immeuble taxé. En excluant toute détermination de l'assiette de l'impôt par voie de détermination directe et subjective, le législateur allait s'orienter vers une solution complexe, celle de l'application d'un tarif impartial à la surface de chaque parcelle. Ce tarif s'analyse en pratique comme une sorte de tableau, de matrice, représentatif de la valeur cadastrale moyenne à l'hectare de chaque classe de terre, classes rangées selon les natures de culture elles-mêmes regroupées en catégories. Chaque classe de terre était spécifiée par une parcelle-type caractéristique de l'ensemble des parcelles de la commune à grouper dans cette classe et dont la valeur locative correspondait à celle de la moyenne des propriétés à ranger dans la classe ; cette valeur locative moyenne était calculée selon diverses méthodes, variables selon les catégories de natures de culture dont relevait la classe de terres en cause. La quadrature du cercle était ainsi résolue. Au travers du tarif, la valeur locative de chaque parcelle était effectivement la fonction directe de la nature de son sol et de ses caractères physiques (qui déterminaient la classe de terre dont elle relevait par analogie à la parcelle-type) et de sa production (au travers des groupes de natures de culture dont dépendaient les méthodes d'évaluation des valeurs cadastrales moyennes de chaque classe de terre qui en faisait partie) ; l'évaluation cadastrale conciliait ainsi d'une façon astucieuse, mais tout de même bien embrouillée, l'ensemble des caractères que l'assiette de la taxe foncière devait présenter, selon les souhaits des députés de la Constituante, une assiette reposant sur la productivité naturelle de la terre et représentative d'une valeur objective de la rente foncière de l'immeuble.

Ce mode d'évaluation accuse lourdement, pour l'esprit du juriste ou de l'économiste contemporain habitué aux saines subtilités de la TVA ou de l'impôt sur les sociétés, le poids des deux siècles d'histoire de l'impôt. Cette vétusté de la procédure d'évaluation des valeurs cadastrales se dénote tant au niveau des organismes chargés de l'évaluation de cette assiette qu'en ce qui concerne les méthodes de détermination et de révision du revenu cadastral.

Les organismes chargés de l'évaluation.

La procédure mise en place par la loi fiscale constitue un vestige moderne de l'idée de démocratie fiscale voulue et imaginée par le législateur révolutionnaire. La loi du 30 juillet 1990 y a cependant apporté quelques profondes modifications.

Avant la réforme de 1990, l'ensemble des travaux d'évaluation de l'assiette de la taxe sur le foncier non bâti incombait en principe à l'administration, en pratique un agent du cadastre, qui était aidé pour ce faire par la Commission Communale des Impôts Directs. A défaut d'accord entre les deux compères obligés, le tarif était arrêté par la Commission Départementale des Impôts Directs avec possibilité d'appel devant une Commission Centrale.

Ce rapide aperçu, très schématique, des organismes intervenant dans la procédure d'assiette montre l'importante place qu'occupait jusqu'à la loi du 30 juillet 1990 la Commission Communale des Impôts Directs, pâle héritière des anciennes instances mises en place à l'époque révolutionnaire. Créée par la loi du 13 janvier 1941, qui supprima les anciennes Commissions des Répartiteurs et des Classificateurs instituées par la loi du 3 frimaire de l'an VII dont les compétences furent alors confiées à la nouvelle Commission Communale, elle "assistait" l'administration fiscale dans la détermination de l'assiette des taxes foncières à raison de sa connaissance des circonstances locales.

Sa composition reflétait sa mission. Les Commissions Communales comprenaient en effet de sept à neuf membres, c'est-à-dire six commissaires (huit dans les communes de plus de 2 000 habitants), le maire ou un adjoint délégué étant président de droit. Ces commissaires étaient désignés par le Directeur des Services Fiscaux sur une liste de contribuables arrêtée par le Conseil Municipal. Par ailleurs, l'article 1650 du Code imposait une représentation équitable de tous les redevables des impôts directs locaux de la commune.

En matière de taxe sur les propriétés non bâties, la Commission Communale exerçait des compétences importantes. Elle intervenait en effet dans toutes les phases de la procédure d'assiette : - la recherche et le groupement des natures de culture ; - la classification ; - le choix des parcelles types ; - la constatation des natures de culture ; - le classement des parcelles ; - et enfin, la fixation des tarifs communaux.

La Commission ne jouait en principe qu'un rôle consultatif. En réalité, le tarif était arrêté par un accord entre les commissaires et l'administration fiscale. Avant 1990 (mais il semblerait assez étonnant que la situation ait depuis lors vraiment beaucoup évolué), les agriculteurs et leurs organisations professionnelles jouaient dans ces diverses commissions un rôle tout à fait important. Selon le Conseil des Impôts (129), la fixation des tarifs de la taxe foncière sur les propriétés non bâties apparaissait dans les faits comme cogérée avec les agriculteurs et leurs représentants, qui défendaient bien entendu d'une façon fort vigoureuse leurs intérêts fiscaux. Encore faut-il observer que de façon très générale, l'ensemble de la fiscalité agricole connaît cette situation que le Conseil ne manquait pas de relever au cas particulier en soulignant ses conséquences : "cette forte intervention de la profession qui n'a pas d'équivalent en ce qui concerne la taxe foncière sur les propriétés bâties, n'est pas sans influence sur les évaluations retenues. Elle a pu en outre affecter ces évaluations de divergences territoriales".

La loi de 1990, soucieuse de corriger les déséquilibres liés au caractère par trop local et peut-être trop népotique des évaluations cadastrales, a quelque peu modifié le rôle dévolu à la Commission Communale, en le réduisant à une portion beaucoup plus congrue. Désormais, elle est uniquement consultée sur la délimitation des secteurs d'évaluation, qui sont arrêtés par les Comités de Délimitation visés par l'article 43 de la loi, et la détermination du nombre de classes de propriétés (à l'intérieur des groupes et sous-groupes). Elle décide, en accord avec le Directeur des Services Fiscaux, du rattachement des classes communales aux classes du secteur d'évaluation et participe au classement de certaines propriétés dans le sous-groupe des terrains constructibles (article 15 de la loi).

Les évaluations cadastrales sont quant à elles fixées aujourd'hui par une nouvelle Commission Départementale créée par l'article 44 de la loi du 30 juillet 1990. Cet organisme comprend un représentant de l'administration fiscale, dix représentants des collectivités locales et sept représentants des contribuables. Il arrête, en accord avec le Directeur des Services Fiscaux, la liste des sous-groupes de cultures et de propriétés, le nombre de classes à l'intérieur des divers sous-groupes, la valeur à l'hectare des propriétés non bâties ainsi que les écarts relatifs aux tarifs des différentes classes. En cas de désaccord entre la Commission et le

---

129. CONSEIL DES IMPOTS, *Dixième rapport au Président de la République relatif à la fiscalité locale*, op. cité, p. 196.

Directeur, la décision est prise par la Commission Départementale des Impôts Directs Locaux, instituée par l'article 45 de la loi de 1990. Cette dernière, présidée par un magistrat du Tribunal Administratif et comprenant trois représentants du fisc, six représentants des collectivités locales et cinq représentants des contribuables, constitue pour l'essentiel l'organisme d'appel en cas de désaccord entre l'administration et la Commission Communale ou Départementale.

La détermination des valeurs cadastrales.

Avant la loi de 1990, selon l'article 1509 du Code Général des Impôts, la valeur locative cadastrale de chaque parcelle était déterminée d'après un tarif communal qui lui-même était établi d'après les règles tracées par l'instruction du 31 décembre 1908 auquel l'article 1509 renvoyait expressément. En d'autres termes, la procédure d'évaluation tournait essentiellement autour de la réalisation du tarif qui pouvait grossièrement être divisé en deux phases : d'une part, l'établissement d'une grille de classement des terres du ban communal selon des modalités très précises, et d'autre part, une phase d'évaluation du tarif communal. Il suffisait ensuite de répartir chaque parcelle dans l'une des classes prédéfinies du tarif, en la comparant avec la parcelle type de la classe en cause, puis de calculer sa valeur cadastrale en appliquant à sa surface la valeur cadastrale à l'hectare de sa classe de rattachement.

Les rubriques du tarif.

L'évaluation du revenu cadastral de chaque parcelle ne pouvait être engagée qu'après l'exécution de travaux préparatoires dont le but était de déterminer pour chaque unité foncière imposable le support matériel de son évaluation, c'est à dire la grille de classification qui permettait le classement et par là même la détermination de la valeur locative à l'hectare de la parcelle.

Cette classification commençait par la recherche et le groupement des natures de culture ou de propriété de chaque commune dont une nomenclature avait été établie par l'article 18 de l'instruction de 1908 ; cette dernière distinguait environ cent cinquante natures de cultures ou de propriétés ! Aussi, pour simplifier ces opérations, l'instruction avait-elle expressément prévu de ranger les natures de culture ou de propriété en treize catégories ou groupes selon leur analogie : terres, prés, vergers, vignes, bois, landes, carrières, eau, jardins, terrains à bâtir, sols, terrains d'agrément et enfin chemins de fer et canaux de navigation. Les deux groupes les plus importants étaient bien entendu les terres et les prés qui représentent environ 52,5 % des surfaces non bâties. Ce nombre de catégories a été réduit à sept par la loi de 1990.

En pratique, les principales natures de culture ou de propriété constituaient en quelque sorte des sous-groupes des catégories précisées auparavant. Chacune de ces natures de culture faisaient l'objet le cas échéant d'une adaptation du tarif dès lors qu'elle se trouvait sur le ban de la commune. Conscient du caractère quasi-ubuesque de ces sous-groupes, le législateur a souhaité réduire leur nombre en 1990 (130). Selon l'administration fiscale, le nombre des sous-groupes doit être désormais limité et leur création au sein d'un secteur d'évaluation sera en conséquence subordonné à certaines conditions (superficie minimale, poids économique significatif, marché locatif de dimension suffisante...).

Enfin, à l'intérieur de ce cadre fixé par l'instruction ministérielle, les Commissions Communales des Impôts procédaient à la classification proprement dite, qui était arrêtée par l'administration fiscale. L'opération consistait à déterminer le nombre de classes qu'il convenait de créer au sein de chacun des groupes de nature de cultures ou de propriétés représentés dans la commune, ceci afin de fixer convenablement la valeur locative des biens imposables. Selon l'article 19 de l'instruction de 1908, on tenait compte pour cela des degrés de fertilité du sol, de la situation topographique des propriétés et de la valeur des produits.

L'article 14 de la loi de 1990 fait référence plus sobrement "aux caractéristiques physiques des sols". Surtout, désormais, ces classes seront déterminées non plus au niveau communal mais à celui des

---

130. V. sur ce point la note de la D.G.I. du 31 janvier 1991, B.O.I. 6-L-1-91, D.F. 1991 n° 11 II ID 10258.

secteurs d'évaluation par la Commission Départementale des Evaluations Cadastrales et le Directeur des Services Fiscaux, après consultation de la Commission Communale. Pour les besoins de la révision, les diverses parcelles seront directement réparties entre les classes des secteurs d'évaluation par rattachement direct des classes communales préexistantes (article 22 de la loi de 1990).

Avant 1990, cette première phase de la procédure ne comportait aucune publicité et n'admettait aucun recours de la part des propriétaires puisqu'il ne s'agissait pour l'instant encore que de simples travaux préparatoires... C'était là une singulière conception de la place du citoyen dans la vie fiscale de la cité. Désormais la définition du nombre de classes et le rattachement des classes communales aux classes des secteurs d'évaluation devra faire l'objet d'un affichage en mairie (v. en ce sens le décret du 5 mars 1991 (131) pris en application de l'article 31 de la loi).

Après la division de chaque groupe de natures de culture en classes, l'administration et la commission communale choisissaient pour chacune de ces classes une parcelle ou un groupe de parcelles-type dont la valeur locative devait être représentative de celle de la moyenne des propriétés à ranger dans la classe (article 20 de l'instruction de 1908). Ce choix des parcelles-type devant servir de terme de comparaison constituait par définition l'un des points les plus cruciaux de toute la procédure d'évaluation. Du reste, l'administration, dans ses diverses instructions et circulaires, prenait soin de rappeler à ses services locaux qu'il convenait de sélectionner ces parcelles avec la plus grande attention et même, au besoin, d'en opérer la reconnaissance sur les lieux. En pratique, on s'attachait en général à choisir des parcelles-type dans des exploitations de moyenne importance, qui à la fois présentaient une superficie assez étendue et un sol homogène.

Cette phase de classification des parcelles aboutissait d'ores et déjà à une première série de déformations par rapport à la réalité du terrain.

En pratique, l'objectif de cette procédure était d'arriver à une certaine homogénéité des évaluations. Mais l'expérience prouvait

---

131. Décret 91.248 du 5 mars 1991, J.O. du 7 mars 1991, p. 3266.

que cette homogénéisation était en réalité telle qu'elle provoquait une véritable uniformisation des évaluations. Cela mérite une explication.

A la réflexion, on s'aperçoit en effet que le revenu cadastral se calque assez étroitement sur le paysage agraire du terroir, du moins celui de la France du Nord-Est, la France de "l'openfield". Au-delà de leur formalisme agro-juridique, les critères de classification des parcelles, qui utilisent les notions de degré de fertilité du sol, de valeur du produit et de situation topographique de la parcelle, permettent en fait de reproduire assez fidèlement au plan fiscal le modèle villageois des XVIIIème, XIXème et des premières décennies du XXème siècle. Comme l'écrivait, par exemple, F. BRAUDEL (132), "le territoire villageois se comportait, et dans une large mesure se comporte encore, comme un univers à la VON THÜNEN". Les terres les plus favorisées formaient en effet une ceinture qui collait aux maisons, c'était la zone des jardins, puis des vergers qui bénéficiaient des soins les plus attentifs et d'apports répétés en engrais animaux (et parfois humains). Ces terres, les plus productives, celles sur lesquelles de nouvelles expériences agronomiques pouvaient être tentées, étaient logiquement taxées le plus fortement. Puis venait, plus loin, la zone des terres arables, de grande culture ou de prairies. Ici les parcelles étaient taxées en fonction de leur fertilité naturelle et de leur plus ou moins grande proximité des voies de communication et des habitations, ce qui facilitait bien sûr leur exploitation. La valeur des prés était cependant en général la plus élevée en raison tout simplement de ce qu'ils étaient indispensables à l'élevage, longtemps la seule source des engrais nécessaires à la fertilisation des zones de culture. Enfin, encore plus loin, l'on trouvait le "saltus", formé de landes, de terres abandonnées et de taillis, zone qui offrait malgré tout de nombreuses ressources gratuites à la communauté (chasse, cueillette, pâturage du cheptel) et qui servait aussi de réserve foncière, souvent très convoitée. La taxation était ici minime.

Louable peut-être à une époque où l'impôt était essentiellement un impôt de répartition appliqué à des campagnes longtemps marquées par de fortes traditions communautaires, l'uniformité des

---

132. BRAUDEL (F.), *L'identité de la France*, L. I, op. cité, pp. 121-127.

évaluations était beaucoup plus critiquable dans le cadre d'un système fiscal moderne pour qui la personnalisation des impositions est un aspect essentiel d'une plus grande justice économique et sociale.

L'évaluation du tarif.

Les tarifs communaux étaient établis de diverses manières qui toutes entraînaient des disparités d'imposition. Trois formules étaient pour l'essentiel utilisées pour déterminer la valeur locative à l'hectare de la parcelle-type de chacune des classes, la méthode des baux, celle de l'appréciation directe et enfin celle dite de la valeur vénale.

Le premier procédé, prévu par l'article 20 de l'instruction de 1908, est le plus fréquemment utilisé. La base de référence était constituée par un échantillon de baux sélectionnés dans la commune et les communes voisines. L'administration ne retenait cependant que les actes significatifs, ce qui impliquait le rejet des baux dits anormaux, l'anormalité résultant soit de clauses spéciales qui y étaient insérées, soit de circonstances de fait particulières (locations de faveur entre parents, minoration en raison d'une collusion d'intérêts entre bailleur et preneur...).

Ces baux anormaux pouvaient en pratique être fort nombreux. Ainsi le Conseil des Impôts relevait que dans l'un des huit départements sélectionnés par la Direction Générale des Impôts dans le cadre de la préparation de la révision générale des évaluations cadastrales, objet de la loi de 1990, sur 2.750 baux dépouillés pour les terres et les prés, seuls 697 avaient été retenus après élimination des baux anormaux, c'est-à-dire 25 % seulement du total (133). Enfin, à l'usage, le cadre communal s'avérait bien évidemment beaucoup trop étroit pour être vraiment représentatif du marché locatif. Cette référence aux baux ruraux était donc loin de refléter la réalité économique et sociale.

---

133. CONSEIL DES IMPOTS, *Dixième rapport au Président de la République relatif à la fiscalité locale*, op. cité, p. 194.

Par ailleurs, on observera aussi que la réglementation du fermage instituée à partir des années 1945/46, limitait d'une manière assez considérable le pouvoir social du propriétaire ainsi que la rente foncière dégagée. Cette limitation se traduit économiquement par une régulation des loyers fixés qui sont indexés sur les prix de certaines denrées agricoles. Ils ne tiennent bien évidemment pas compte de l'évolution de la nature des productions agricoles effectives et des quantités produites à l'hectare. En d'autres termes, les évaluations sur la base des baux avaient aussi pour effet de plafonner les valeurs locatives à un niveau relativement bas et presque toujours déconnecté de la réalité économique.

C'est en vue de remédier à ces inconvénients fort gênants que la loi de 1990, c'est l'une de ses innovations majeures, a considérablement modifié cette technique de détermination des valeurs locatives à l'hectare en s'efforçant d'élargir l'échantillon statistique permettant de les établir. En premier lieu, le législateur (article 17 de la loi) a pris soin d'agrandir le cadre général d'évaluation en prévoyant la création de secteurs d'évaluation agricoles ou forestiers homogènes, délimités à partir des petites régions agricoles de l'INSEE et représentatifs du marché locatif. En second lieu, la valeur locative à l'hectare devra désormais être égale au montant annuel d'un bail moyen à l'hectare déterminé par référence aux baux en vigueur pour chaque sous-groupe ou classe de ces secteurs d'évaluation (article 19 de la loi), la valeur de chaque classe étant fixée de manière à obtenir, pour le sous-groupe considéré, une valeur à l'hectare pondérée par l'importance des superficies comprises dans chaque classe (article 21 de la loi).

En l'absence d'actes de location, la valeur locative était définie par application de la méthode d'évaluation directe ; elle était alors égale à une fraction du revenu d'exploitation des propriétés, celle correspondant à la rente foncière du propriétaire de la parcelle. Cette méthode était utilisée surtout pour les vignes, les vergers et les bois. Dans la pratique, plusieurs étapes étaient alors nécessaires pour déterminer les valeurs cadastrales.

L'exemple du régime des forêts est à cet égard particulièrement significatif. La valeur locative de ces propriétés était déduite de leur produit réel, déterminé sur la base du produit brut moyen annuel égal en général au produit des coupes de bois correspondant à la productivité moyenne de la classe des bois en cause (article 26 de l'instruction de 1908). Le produit réel était alors obtenu en retranchant du produit brut moyen les frais d'entretien, de gestion, de garde, d'assurance et de repeuplement. Ces frais déductibles sont eux-mêmes calculés par application de pourcentages variables selon la nature des bois de la région forestière considérée et compris à l'intérieur de fourchettes fixées sur le plan national. Par exemple, pour les taillis simples, ce pourcentage variait entre un minimal de 20 et un maximal de 40 %. Pour les futaies résineuses des Landes, ce pourcentage allait de 35 à 80 %, pour les peupleraies (avec un minimum de 200 arbres à l'hectare), le pourcentage de frais applicables oscillait entre 35 et 60 %. Cette méthode conduisait à surestimer la part des frais d'exploitation et donc à sous-estimer les valeurs locatives imposables. D'ailleurs, le volume des frais retenus en déduction tendait à s'accroître depuis 1961 et était passé de 31 % à cette date à une moyenne de 57 % lors de l'actualisation des bases d'imposition de 1980 (134). La réforme de 1990 a dans une large mesure pris acte de cette tendance, le décret du 4 décembre 1990 (135) pris en son application augmentant généralement les limites inférieures et supérieures de la déduction forfaitaire (pour les taillis simples : 30 et 65 % respectivement ; pour les futaies résineuses : 50 et 80 % ; pour les peupleraies : 40 et 80 %). Enfin, après ces abattements pour frais, la valeur locative cadastrale était obtenue en opérant sur le produit net une déduction représentative des éléments étrangers à la rente du sol. Lors des dernières révisions des bases d'imposition, la déduction appliquée ressortait à 10 % du produit net. Cette déduction n'a pas été reprise par la loi de 1990.

Le résultat de ces tripatouillages, on s'en rend aisément compte, aboutissait en général à une base d'imposition quelque peu artificielle.

Enfin, la troisième technique d'évaluation, dite de la valeur vénale, était utilisée en principe lorsque toute comparaison est

---

134. CONSEIL DES IMPOTS, *Dixième rapport au Président de la République relatif à la fiscalité locale*, op. cité, p. 194.

135. Décret 90.1092 du 4 décembre 1990, J.O. du 9 décembre 1990, p. 15119.

impossible. L'instruction de 1908 considérait cependant que cette valeur vénale à l'hectare devait nécessairement être en relation avec le loyer que l'on pouvait tirer des propriétés (article 24 de l'instruction). En effet, pour procéder à la vérification de la pertinence des évaluations cadastrales retenues pour les terres exploitées en faire-valoir direct et pour lesquelles l'usage de termes de comparaison était souvent délicat, les rédacteurs de l'instruction avaient recommandé de diviser les valeurs vénales des immeubles en cause par leurs valeurs locatives, le quotient devant faire ressortir un taux d'intérêt normal. Cela confirme au passage la thèse d'une valeur cadastrale conçue comme représentative de la rente foncière du propriétaire. A contrario, la valeur locative des parcelles pour lesquelles toute comparaison était impossible pouvait alors être déterminée en appliquant un taux d'intérêt forfaitaire à une valeur vénale représentative de la valeur vénale moyenne des terrains placés dans des conditions voisines.

Cette méthode s'applique pour l'essentiel aux terrains à bâtir et aux terrains urbains de façon plus générale. Elle a été largement reprise par la loi de 1990 dont l'article 20 fixe la valeur cadastrale des terrains à bâtir à 1 % de la valeur vénale moyenne de ces terrains. Cette technique aboutit en général, malgré l'éventuelle majoration des bases de 200 % prévue par l'article 1396 du Code Général des Impôts (disposition d'ailleurs supprimée par l'article 15 II de la loi du 30 juillet 1990, à compter du 1er janvier de l'année d'incorporation dans les rôles des résultats de la révision), à une sous-évaluation notoire de ces terrains, ce qui explique aussi le peu de succès du dispositif de majoration aujourd'hui quasi-abrogé.

L'application du tarif.

L'application du tarif communal impliquait essentiellement le classement de l'ensemble des parcelles du territoire communal. Ce classement des propriétés non bâties avait pour objet tout d'abord de rattacher les diverses parcelles à un groupe de natures de culture puis, à l'intérieur de ce groupe, de les répartir entre les différentes classes de la classification communale. Il suffisait ensuite de multiplier leur surface par la valeur locative à l'hectare de la parcelle-type afférente à la classe en cause.

Ces opérations débutaient nécessairement par la constatation de la nature des cultures de chaque parcelle qui déterminait, en fonction de l'état actuel et réel des lieux, leur rattachement à un groupe de natures de culture. Ces observations étaient effectuées par l'administration assistée de la Commission Communale, au cours d'une même opération dont les résultats étaient consignés dans un procès-verbal. L'on procédait en même temps à la répartition des parcelles dans les différentes classes de chaque groupe par comparaison avec les parcelles-type représentatives de chacune des classes préalablement définies (article 33 de l'instruction de 1908). Pour ce faire, il fallait tenir compte de la situation de la parcelle sur le territoire communal, de son orientation, de sa qualité ou de ses caractères au point de vue du relief, de la qualité des sols, des natures de culture et des facilités d'exploitation. Ce classement faisait ainsi totalement abstraction de la personnalité du propriétaire. En effet, le revenu cadastral ne tient compte que du degré de fertilité du sol et des avantages pouvant résulter du point de vue agronomique de la situation topographique des parcelles et des conditions normales d'exploitation des terrains considérés. L'instruction de 1908 était parfaitement claire, la productivité à considérer ici était la productivité normale (article 34).

Les valeurs ou évaluations cadastrales qui résultaient de ces opérations et des calculs qui leurs étaient associés ne constituent pas cependant tels quels l'assiette de la taxe sur les propriétés non bâties. En droit, l'assiette de cette taxe est formée par le revenu cadastral de la propriété, lui-même égal à la valeur locative de cette dernière réduite d'un cinquième. Cette réduction est prévue expressément par l'article 1396 du Code Général des Impôts.

Selon l'administration (136), cet abattement est destiné à tenir compte des pertes de fermage éventuelles, des risques de non location du fonds et des charges incombant normalement au propriétaire. Ce faisant, on constate que pour certaines méthodes d'évaluation des valeurs cadastrales, cette réduction de 20 % aboutit en fait à une double déduction des charges du propriétaire. En réalité, l'abattement de 20 % de l'article 1396 s'analyse le plus

136. V. en ce sens, Documentation Administrative, série 6 CD, 6 D 431 n° 1.

souvent comme une petite faveur fiscale accordée au propriétaire foncier.

En pratique, la mise en oeuvre des tarifs n'a pas manqué de poser de graves problèmes liés pour l'essentiel à l'évolution rapide des techniques et pratiques agricoles qui a considérablement modifié l'échelle des potentiels productifs.

En particulier, pour les terres et les prés, les classements étaient de plus en plus difficiles à établir de manière rigoureuse. Par exemple, le C.E.R.C. signalait en 1985 le cas de la Marne où la généralisation de l'emploi d'engrais minéraux et de produits phytosanitaires avait fait de l'ancienne Champagne pouilleuse l'une des régions céréalières les plus performantes alors pourtant que le revenu cadastral y demeurait très faible (137). Et d'une façon plus générale, le Conseil des Impôts indiquait dans son rapport sur la fiscalité locale, que le suivi des natures de culture par les géomètres du cadastre était l'une des tâches de gestion les plus lourdes pour ce service (138). Cela ne semble guère étonnant.

Selon les organisations agricoles, les subdivisions posées dans l'instruction de 1908 devaient être totalement revues. Le Conseil des Impôts indiquait au demeurant que, dans le cadre de l'expérimentation menée par la Direction Générale des Impôts dans huit départements en vue de la révision générale des évaluations, une modification de la classification était demandée dans 80 % des communes de ces départements. Ces revendications portaient essentiellement sur les groupes des terres et des prés. Les exemples pourraient être multipliés ; ils traduiraient tous l'inadaptation des classements et des tarifs communaux actuellement en vigueur (139) auxquels la loi de 1990 a essayé de porter remède. Au surplus, ces

---

137. CENTRE D'ETUDES DES REVENUS ET DES COUTS, *Valeur et rentabilité des biens fonciers agricoles*, Paris, Documentation Française, Documents du C.E.R.C., 1985, n° 74, 162 p., p. 73.

138. CONSEIL DES IMPOTS, *Dixième rapport au Président de la République relatif à la fiscalité locale*, op. cité, p. 193.

139. CONSEIL DES IMPOTS, *Dixième rapport au Président de la République relatif à la fiscalité locale*, op. cité, p. 193.

défauts sont encore accentués par les graves défauts que présentent les procédures de mise à jour des valeurs cadastrales.

La mise à jour aléatoire des valeurs cadastrales.

La fixité des valeurs cadastrales est la conséquence directe de la définition fiscale du revenu cadastral comme prix de la fertilité du sol (cette fertilité ne variant pas, l'assiette reste fixe !) et de la procédure d'évaluation qui en est le corollaire immédiat. Cela n'empêchait pas pour autant le vieillissement rapide des bases d'imposition, sclérose liée à l'évolution technique de l'économie agricole et du marché des terres ainsi qu'à l'inflation.

Pour commencer, il faut relever que le mode de détermination des revenus cadastraux tel qu'il vient d'être décrit n'est autre que celui qui avait été mis en oeuvre en 1910-1911 à l'occasion de la révision des valeurs cadastrales, elles-mêmes révisées tout d'abord en 1948 puis en 1961. Au total donc, le siècle de l'innovation technique en matière agricole n'a connu que trois remises à niveau fiscales, une nouvelle révision étant aujourd'hui enfin en cours.

La dernière révision, celle de 1961, avait été prescrite par l'article 32 de l'ordonnance du 7 janvier 1959 portant modernisation de la fiscalité directe locale (140). Elle trouvait son fondement juridique dans l'article 12 de la loi de finances pour 1953 (141) qui édictait une révision quinquennale (à cette date, la dernière révision datait de 1948-51). La révision de 1961 se réalisa sur la base du cours des loyers à la date du 1er janvier 1961 et ses résultats firent l'objet d'une incorporation dans les rôles à compter du 1er janvier 1963.

Ces valeurs locatives furent par la suite actualisées en application de la loi de finances rectificative pour 1967 (142), sur la base du cours des loyers à la date du 1er janvier 1970. Mais contrairement à ce qui s'était passé en 1961 (et aux travaux actuels

---

140. Ordonnance 59.108 du 7 janvier 1959, J.O. du 9 janvier 1959, p. 622.

141. Loi 53.79 du 7 février 1953, J.O. du 8 février 1953, p. 1232.

142. Loi 67.1172 du 22 décembre 1967, J.O. du 29 décembre 1967, p. 12852.

afférents aux bases d'imposition) où l'opération de révision portait à la fois sur le classement des parcelles et sur les tarifs d'évaluation communaux, la révision de 1970 fut une révision simplifiée par application aux évaluations retenues en 1961 de simples coefficients d'adaptation différenciés permettant de tenir compte de la variation du prix des denrées sur lesquelles étaient établis les baux.

Cette simplification illustre les difficultés considérables que posait la gestion quinquennale de l'assiette de la taxe foncière édictée par la loi de finances pour 1953. Aussi une loi du 18 juillet 1974 (143) va-t-elle supprimer les révisions quinquennales en leur substituant des révisions générales tous les six ans assorties d'une actualisation forfaitaire tous les deux ans (délai rapidement porté à trois ans par l'article 24 de la loi du 10 janvier 1980 (144). Une fois de plus, l'importance des travaux qu'impliquait une révision générale ne permit pas sa mise en oeuvre par une administration fiscale débordée. Une seule actualisation forfaitaire fut réalisée en 1980, conformément à l'article 4 de la loi du 3 janvier 1979 (145) ; les valeurs locatives au 1er janvier 1970 furent alors réévaluées par application de coefficients qui traduisaient, plutôt mal, l'évolution du marché locatif des régions agricoles ou forestières, la date de référence retenue étant celle du 1er janvier 1978.

Les problèmes posés par l'observation des variations du marché locatif et la gestion des bases d'imposition de la taxe foncière amenèrent une fois de plus le législateur à retenir dès 1980 le principe, provisoire une nouvelle fois, d'une actualisation des bases d'imposition au moyen de coefficients forfaitaires déterminés annuellement par la loi de finances (article 1518 bis du Code Général des Impôts). Ces coefficients étaient fonction de l'évolution du prix du quintal de blé-fermage en vigueur respectivement au 1er janvier et 31 décembre de l'année n-3. L'évolution des valeurs locatives de 1990 était ainsi déterminée par les prix de la campagne 1987-88.

---

143. Loi 74.645 du 18 juillet 1974, J.O. du 19 juillet 1974, p. 7539.

144. Loi 80.10 du 10 janvier 1980, J.O. du 11 janvier 1980, p. 73.

145. Loi 79.15 du 3 janvier 1979, J.O. du 4 janvier 1979, p. 25.

Cependant, le ralentissement notable de l'inflation depuis quelques années n'allait pas tarder à rendre particulièrement sensible ce décalage dans le temps des bases de calcul des coefficients en question. Le législateur fut alors obligé d'imaginer un coefficient dit déflateur, lui-même supprimé à partir de 1991 par l'article 34 de la loi de finances rectificative pour 1989 (146) au profit d'un nouveau mécanisme dit de "correction" des taux d'imposition.

Ces graves lacunes de l'entretien de l'assiette de la taxe ont bien évidemment accéléré le vieillissement rapide des bases de l'impôt car il était impossible que des actualisations si grossières et sommaires prennent en considération les évolutions des pratiques culturales ou du marché foncier agricole. En 1970 par exemple, les coefficients d'actualisation ne tenaient compte que de l'évolution du prix des denrées mais pas des quantités figurant dans les baux. D'ailleurs, l'application de coefficients multiplicateurs différents pour les terres et pour les prés était impossible car, avant l'intervention d'une loi du 15 juillet 1975 modifiant le statut du fermage, il était difficile d'isoler les terres et les prés dans les baux. Les majorations forfaitaires annuelles intervenues à partir de 1981, biaisées au surplus par les coefficients déflateurs ou la correction des taux, ont très certainement encore accentué les distorsions existantes puisque elles sont appliquées de façon uniforme à l'ensemble des propriétés.

Ubu était donc roi au pays de Kafka ! Si l'on y réfléchit en raccourci, les valeurs cadastrales en usage aujourd'hui sont tout simplement celles évaluées (avec de nombreuses erreurs) en 1961 (ou plutôt réévaluées puisque 1961 n'était déjà qu'une révision), elles-mêmes révisées en 1970 (encore d'autres erreurs liées en particulier à la méthode adoptée) puis en 1980 (toujours des erreurs) et depuis lors actualisées annuellement avec déflation puis correction des taux. Ajoutons qu'au surplus les coefficients de révision de 1970 et 1980 ont très souvent fait l'objet d'une "concertation" avec les agriculteurs au sein des commissions communales. Le vertige fiscal nous saisit devant une telle redondance d'égarements ! Faut-il encore s'étonner de ce que les

146. Loi 89.936 du 29 décembre 1989, J.O. du 30 décembre 1989, p. 16.393.

valeurs cadastrales n'ont plus aujourd'hui un quelconque rapport avec les réalités de l'agriculture contemporaine ?

Pouvait-il cependant en aller autrement ? Nous ne le pensons pas. Deux causes essentielles expliquent en effet que les révisions prévues à l'origine n'aient pu être mises en oeuvre ou ne le furent qu'avec difficultés (147).

La première tient à l'évidence au surcroît de travail et au coût financier considérable qui résulte chaque fois de ces opérations pour l'administration fiscale. La seconde, peut-être l'obstacle majeur car de nature politique (c'est le même qui durant tout le XIXème siècle s'était opposé aux tentatives de réforme de la contribution foncière), est liée aux transferts de charges, en faveur des secteurs économiques ou géographiques en stagnation ou en récession dans lesquels les loyers réels diminuaient (l'élevage par exemple), qu'auraient impliqué les révisions. C'est pour cette raison que la loi du 30 juillet 1990 prévoit d'ailleurs expressément (article 47 I) que l'incorporation aux rôles des résultats de la révision qu'elle ordonne devait obligatoirement être précédée par la présentation au Parlement d'un rapport d'étape (avant le 30 septembre 1992) sur les effets de la révision sur les contribuables et les collectivités locales. Par ailleurs, les rares opérations qui furent réalisées ont toujours été accompagnées de mesures provisoires d'étalement. Enfin, pour pallier l'absence de remise en ordre des valeurs cadastrales et parer aux injustices par trop criardes, l'Etat n'hésitait pas à intervenir en limitant par divers moyens les contributions des redevables les plus lourdement taxés. Par exemple, lors des cinq dernières années seulement, l'Etat a successivement pris les mesures suivantes : - en 1988, liaison entre l'évolution des taux d'imposition de la taxe foncière et de la taxe d'habitation (article 77 de la loi de finances pour 1988 (148)) ; - en 1988 encore, assouplissement des règles de lien entre les taux des impôts directs locaux (article 17 de la loi de finances rectificative pour 1988 (149)) ; - en 1991, institution au profit des exploitants

---

147. V. en ce sens, CONSEIL DES IMPOTS, *Dixième rapport au Président de la République relatif à la fiscalité locale*, op. cité, p. 174.

148. Loi 87.1060 du 30 décembre 1987, J.O. du 31 décembre 1987, p. 15485.

149. Loi 88.1193 du 29 décembre 1988, J.O. du 30 décembre 1988, p. 16625.

agricoles (et non pas des propriétaires) par l'article 6 de la loi de finances pour 1991 d'un dégrèvement spécial de 45 %, taux porté à 70 % par la loi de finances pour 1992 sur les parts départementales et régionales de la taxe foncière afférentes aux parcelles classées en nature de prés et prairies, et à partir de 1992 aux landes, marais et autres terres vaines ou vagues de la sixième catégorie (qui en bénéficiaient déjà en fait dès 1991 mais sur la base d'une simple décision administrative : il fallait bien tenir compte du développement des politiques de mise en jachère) ; le coût de cette mesure était estimé à près de 470 millions de F. pour 1992 ; - à partir de 1993, institution d'un dégrèvement facultatif de taxe foncière en faveur des jeunes agriculteurs, pour une durée de cinq ans, sur délibération spéciale des collectivités locales (article 109 de la loi de finances pour 1992)...

On pourrait poursuivre cette longue et fastidieuse énumération. Dans tous les cas, une conclusion semble s'imposer : visiblement, mauvais ravaudage et misérable replâtrage sont aujourd'hui les deux mamelles d'une taxe foncière malade d'une complexité inhérente à son archaïsme.

D'autant qu'à côté de ces révisions-réévaluations plus ou moins générales et plus ou moins forfaitaires, les valeurs cadastrales sont également l'objet de procédures de mises à jour régies par l'article 1517 du Code Général des Impôts, elles aussi bien mal appliquées. Le Code, fort précautionneux, prévoit en effet la constatation annuelle des changements de consistance ou d'affectation des propriétés non bâties. Il en va de même en ce qui concerne les changements des caractéristiques physiques ou d'environnement.

Les changements de consistance ou d'affectation doivent faire l'objet de la part des propriétaires d'une déclaration dans les quatre-vingt-dix jours de leur réalisation définitive. Ces déclarations sont souscrites sur un imprimé fourni par l'administration et sont adressées au bureau du cadastre du lieu de situation des propriétés. Le défaut de déclaration est sanctionné par des amendes fiscales (articles 1725 et 1726 du Code ; l'amende était de 25 F, elle a été portée à 100 F et 1000 F après mis en demeure par l'article 43 de la loi de finances pour 1993) ; par ailleurs les exonérations temporaires de taxe sont susceptibles d'être supprimées.

Les changements de caractéristiques physiques ou d'environnement des propriétés non bâties doivent être constatées d'office par l'administration.

Là encore, l'appréhension des changements de consistance est en fait difficilement assurée par l'administration fiscale. Sur le terrain, il n'est pas rare de constater de nombreux changements dans les modes culturaux des terrains agricoles : défrichement de bois, plantations de landes, retournement de prairies, modification des méthodes culturales, etc... L'obligation de déclaration est en effet souvent ignorée par le propriétaire de la parcelle (volontairement parfois, le plus souvent cependant par méconnaissance de la législation ou tout simplement des changements eux-mêmes). Lors de campagnes de rattrapage menées par l'administration fiscale entre 1981 et 1983 et portant au total sur près de quatre millions d'hectares, l'administration s'est aperçue qu'en moyenne 14 à 15 % des parcelles avaient changé d'affectation. Mais cette moyenne recouvrait un large éventail car des chiffres beaucoup plus importants étaient atteints dans certaines communes, par exemple 32 % dans certaines communes du Vaucluse ou 38 % dans sept communes de la Meuse (150).

Laissons donc là cette sombre et triste description dont la conclusion semble très claire.

D'une façon très générale, les méthodes d'évaluation et l'absence d'actualisation sérieuse des revenus cadastraux (en attendant les résultats de la révision en cours) aboutissent à une assiette de l'impôt en pleine décrépitude, largement arbitraire et au total bien artificielle. Les valeurs cadastrales forment aujourd'hui une photographie jaunie et déformée de l'économie agricole du début des années 1960, portrait qui n'a plus guère de rapport avec les réalités techniques et économiques actuelles.

---

150. CONSEIL DES IMPOTS, *Huitième rapport au Président de la République relatif à l'imposition du capital*, J.O. doc. adm., Paris, 1986, 443 p., p. 154.

Faut-il s'étonner alors de ce que l'on constate des différences parfois considérables entre les revenus cadastraux d'une même région naturelle et pour une même nature de culture.

Ainsi, selon l'Assemblée Permanente des Chambres d'Agriculture, on constatait pour les prés du Cher en 1986 un écart de 1 à 13 entre le revenu cadastral le plus et le moins élevé (de 45 à 585 F.), un écart de 1 à 6,5 pour les terres labourables. En Saône-et-Loire, dans une même région agricole et pour un même système de production, le poids de l'impôt par rapport à la marge brute à l'hectare variait de 1 à 5 (151).

L'impôt reflète en général l'ancienne hiérarchie entre les terres et les prés, très contestable aujourd'hui. En Saône-et-Loire par exemple, on constatait que le revenu cadastral des prés est en moyenne bien plus élevé que celui des terres (écart de 200 % entre les revenus cadastraux prés et terres les plus élevés) (152).

Ces exemples, nous en avons déjà cités d'autres, pourraient être multipliés et révéleraient tous des différences considérables et scandaleuses entre les revenus cadastraux et la réalité économique vécue par les exploitations agricoles.

D'ailleurs, le vrai noeud du problème n'est-il pas là ?

Dans une étude remarquable (153), D. BARTHELEMY constatait en effet qu'en général les revenus cadastraux sont proportionnellement plus élevés pour les exploitations à plus faible valeur ajoutée (en particulier élevage bovin extensif et

---

151. Source : ASSEMBLEE PERMANENTE DES CHAMBRES D'AGRICULTURE, *La fiscalité foncière agricole*, document préparatoire à la session des 21 et 22 octobre 1987, rapport dactyl., 23 p..

152. Rapport de la Chambre d'Agriculture de Saône-et-Loire sur la T.F.N.B., 1986, dactyl., 18 p. ; on peut se référer aussi par exemple au rapport établi par la Chambre d'Agriculture du Maine-et-Loire sur l'évolution de la fiscalité locale dans ce département entre 1980-1983, juillet 1984, dactyl., 17 p. et annexes, ou au rapport de la Chambre d'Agriculture du Cher, La taxe sur la propriété non bâtie dans le Cher (1974-1986), juin 1987, dactyl., 35 p..

153. BARTHELEMY (D.), le revenu cadastral : une assiette contraire à l'imposition proportionnelle des valeurs ajoutées et revenus d'exploitation, *Revue Française de Finances Publiques*, 1990, n° 31, p. 161.

exploitations de polyculture-polyélevage). Il en va logiquement de même en ce qui concerne le rapport revenus cadastraux-revenu brut et net d'exploitation. Ces résultats confirment les informations d'une étude plus ancienne de la Direction Générale des Impôts effectuée à la demande du Conseil des Impôts (154).

TABLEAU 2 : RAPPORT VALEUR AJOUTEE PAR OTEX - IMPOT FONCIER

Orientation technique	Impôt foncier à l'ha	Base valeur ajoutée à l'ha	Impôt foncier/valeur ajoutée en %
1. Agriculture Générale	161	4 735	3,40
2. Elevage hors sol	194	8 253	2,35
3. Productions végétales spécialisées	644	33 203	1,93
4. Elevage	128	3 862	3,35
5. Viticulture	588	22 078	2,66
6. Systèmes mixtes	175	4 617	3,79

Source : Conseil des Impôts, rapport relatif à la fiscalité locale, p. 651-652.

D. BARTHELEMY en conclut fort justement que le revenu cadastral est complètement inapte à représenter le revenu d'exploitation et avance pour cela une explication : cette inadaptation repose tout simplement sur l'hypothèse de l'inconsistance fiscale de l'exploitation agricole face au droit de propriété, une exploitation qui s'autonomise de plus en plus par

154. CONSEIL DES IMPOTS, *Dixième rapport au Président de la République relatif à la fiscalité locale*, op. cité, p. 651-652.

rapport à la propriété foncière : "la terre n'est plus qu'un moyen de production perdant sa spécificité, et le revenu est rattaché aux investissements de l'exploitant", écrit-il fort justement. Il n'est dès lors guère étonnant que ce soit justement dans les exploitations dont l'organisation technique implique de fortes surfaces de terres que le prélèvement foncier à l'hectare par rapport à la valeur ajoutée paraît aussi le plus important, comme que constate le Conseil des Impôts (155).

Cette conclusion n'est pas tout à fait inattendue. Il est en effet évident que la procédure d'évaluation des valeurs cadastrales ne laisse aucune place aux investissements et innovations techniques introduites par l'agriculteur dans le procès de production. Pour preuve, avant la loi du 30 juillet 1990, les installations de production hors-sol, les plus intensives, n'étaient pas taxées, les bâtiments d'exploitation étant exemptés de taxe sur les propriétés non bâties et exonérés de taxe sur le foncier bâti !

Dès lors, la question vaut d'être posée. Serait-ce en effet au travers de ce phénomène d'autonomisation de l'exploitation agricole que la taxe foncière sur les propriétés non bâties participe à la dégradation des milieux ruraux ?

L'hypothèse méritait une vérification sur le terrain.

155. CONSEIL DES IMPOTS, *Dixième rapport au Président de la République relatif à la fiscalité locale*, op. cité, p. 652.

DEUXIEME PARTIE

UNE RADIOGRAPHIE FISCALE D'UN ESPACE RURAL

LE GRAND RIED CENTRE ALSACE

Radiographier signifie former une image à partir d'ondes, cliché qui pourra alors faire l'objet d'une analyse. En l'espèce, quelle sorte de reflet fiscal l'espace rural dégageait-il ? qu'allait-il nous apprendre de neuf sur sa gestion et sur les hommes qui y vivent ?

Comme nous le rappelions plus haut, les objectifs à moyen terme de nos investigations étaient tout d'abord de mettre en évidence, en réel, d'éventuels décalages entre valeur écologique et valeur fiscale des espaces ruraux. Notre préoccupation essentielle était de déterminer si la taxe foncière influe effectivement, et de quelle manière, sur les modifications des processus de production et surtout sur l'intensification (ou, à l'avenir, l'abandon) de l'exploitation des espaces ruraux. Existe-t-il des distorsions "écolo-fiscales" ? Quelles sont alors leurs causes ? Jouent-elles un rôle dans l'évolution de l'organisation et de l'orientation technique des exploitations agricoles, dans le processus de production agricole ? Seule une analyse de terrain pouvait permettre éventuellement de répondre à ces interrogations et de confirmer l'analyse théorique. Il ne restait plus qu'à chausser nos bottes pour procéder à une radiographie fiscale de l'espace rural. Le fiscaliste s'en allait aux champs...

Il fallait pour cela choisir un théâtre d'opérations, ce fut le Ried Centre Alsace, dans sa partie bas-rhinoise, zone sur laquelle de nombreux travaux de recherche, en particulier dans le cadre du groupe P.I.R.E.N. EAU Alsace, avaient déjà été effectués. Et pour donner en quelque sorte un coup de projecteur sur ces premiers aspects, nous avons choisi aussi d'analyser plus spécialement le parcellaire de la commune de Muttersholtz, choix qui n'était pas innocent car cette commune est sans doute l'une des mieux connues et des plus analysées d'Alsace du point de vue écologique ou sociologique.

Les ondes qui allaient permettre l'opération ont quant à elles été récupérées pour l'essentiel au travers de trois sources d'informations. Il s'agit en premier lieu des données des recensements généraux de l'agriculture de 1980 et 1988. D'autre part, nous avons également fait appel aux informations statistiques annuelles publiées par le Centre de Gestion Agréé de la Chambre d'Agriculture du Bas-Rhin, qui comportent l'analyse d'un échantillon de 375 exploitations situées dans le département, dont une cinquantaine dans le Ried Sud. Enfin, nous avons recouru aux états fiscaux n° 6035 N.M. qui récapitulent par commune à la fois l'ensemble des propriétés non bâties classées par groupes et natures de cultures et les revenus cadastraux s'y rapportant. Les données fiscales portent sur l'ensemble des communes étudiées pour les années 1978, 1980, 1982, 1984, 1986 et 1988. Cette période de dix ans a été choisie volontairement car elle permettait en particulier de rendre compte des effets de la révision de l'assiette de la taxe sur le foncier non bâti intervenue en 1978/1980. L'exploitation des informations fiscales n'a cependant porté que sur les groupes de cultures les plus significatifs du point de vue de l'environnement, à savoir ceux des terres, des prés, des vergers, des bois et des landes.

Comme les militaires, commençons par examiner et décrire notre champ de recherche, une zone humide qui lentement se transforme en mer de maïs de plus en plus sèche !

CHAPITRE I

LE GRAND RIED CENTRE ALSACE : UNE ZONE HUMIDE EN PERDITION

Dans le dialecte alsacien, le mot Ried désigne certaines zones humides marquées par une végétation bien spécifique. Aujourd'hui de nombreux lieux-dits portent encore ce nom, même si parfois leur origine palustre n'est plus évidente de nos jours. Ce mot semble trouver son origine dans le vieil alémanique "Rieth" qui signifie roseau et, par extension, une surface couverte de ces mêmes plantes, comportant aussi des prés humides souvent inondés et exploités traditionnellement en prairies de fauche. Selon d'autres versions cependant, ce mot trahirait également une filiation avec l'ancien "Reit", dérivé de "roden", verbe indiquant une action de défrichement. C'est en effet au Moyen Age que la pénétration humaine s'est faite massivement dans ces régions d'Alsace, à la suite du déboisement des forêts de plaine (156).

Aujourd'hui, ce toponyme de Ried, utilisé tel quel, est surtout employé pour désigner une vaste zone humide d'environ 200 km², le Grand Ried, située au centre de la Plaine d'Alsace entre Strasbourg et Colmar (Cf. carte 2). Il existe cependant d'autres rieds en deçà et au-delà de ces deux villes.

---

156. V. sur ce point BURCKEL (C.), *Inventaire et cartographie des sites d'intérêt écologique du Grand Ried Centre Alsace*, mémoire de maîtrise d'aménagement du territoire, U.E.R. de Géographie, Université L. Pasteur, Strasbourg, 1984, dactyl., 156 p., p. 13 ; STEINER (F.), Protéger nos derniers Rieds, in *Nos Rieds demain*, Bulletin de la Société Industrielle de Mulhouse, n° 813, p. 21.

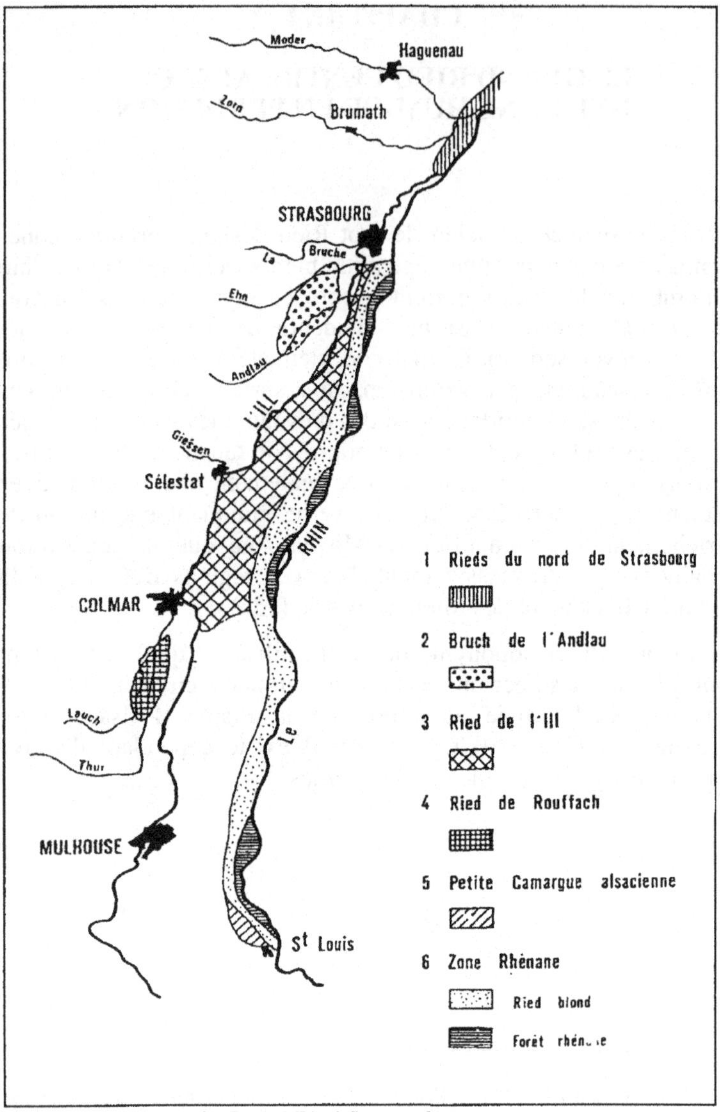

Carte 2 : Situation du Grand Ried Centre Alsace
Source : BURCKEL (C.), Inventaire et cartographie des sites d'intérêt écologique du Grand Ried Centre Alsace, op. cité, p. 13 bis (échelle 1/650.000).

L'origine étymologique du nom de cette zone géographique est significative de ses caractères naturels.

Le Grand Ried Centre Alsace est la plus vaste zone humide des vallées fluviales de piémont alpin en Europe. Elle doit son existence à l'action millénaire exercée par le Rhin et son affluent l'Ill. Avant la canalisation du Rhin à la fin du XIXème siècle, cette zone humide s'étendait sur la quasi-totalité de la largeur de la plaine d'Alsace. De nos jours, elle est comprise entre, à l'Ouest, l'actuelle route nationale 83 reliant Colmar à Strasbourg en passant par Sélestat, à l'Est le Rhin, au Sud une ligne passant de Colmar à Artzenheim et au Nord l'agglomération strasbourgeoise, l'ensemble formant schématiquement un triangle d'une superficie d'environ 50.000 hectares. Cependant, au vu de l'importance de la surface concernée, des profonds bouleversements opérés par l'homme sur ce milieu et de la nécessité de travailler sur une même unité administrative, en l'occurrence le Bas Rhin, il était préférable de limiter la zone d'étude à un périmètre plus restreint. Aussi avons-nous en fin de compte retenu simplement un ensemble de vingt-six communes situées très schématiquement dans un quadrilatère délimité au Nord par une ligne Erstein-Gerstheim, à l'Ouest par la R.N. 83 jusqu'à Sélestat, au Sud par une ligne Sélestat-Elsenheim et à l'Est par le Rhin, dont l'axe longitudinal est formé par la zone inondable de l'Ill. D'une superficie d'environ 20 000 hectares, elle correspond au coeur du Grand Ried Centre Alsace (Cf. carte 3).

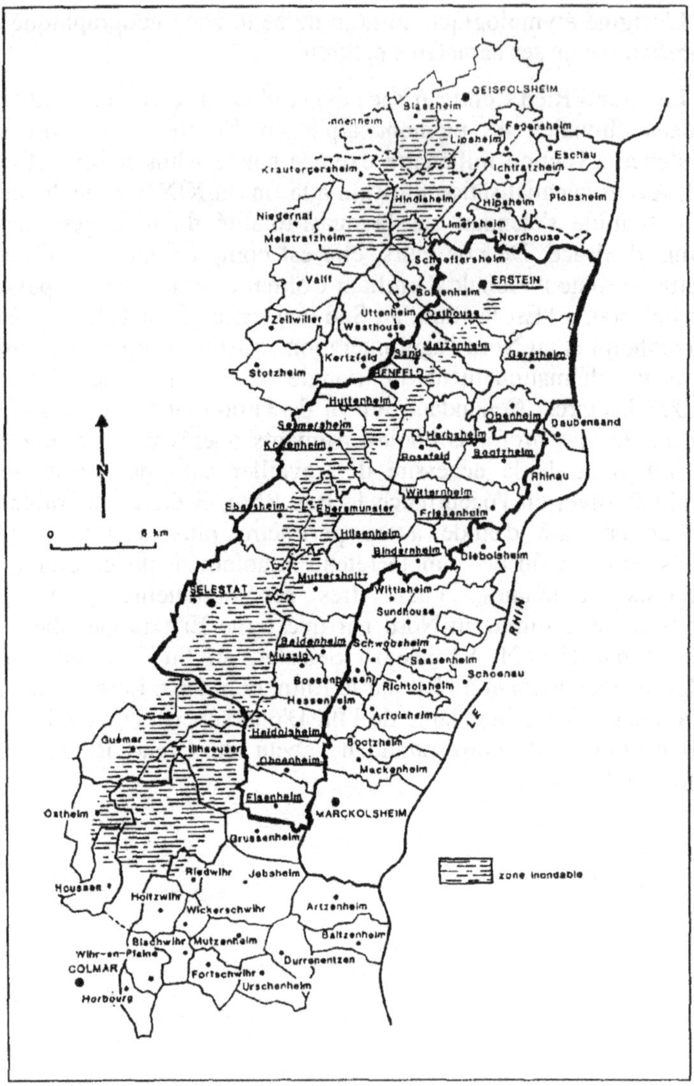

Carte 3 : Situation de la zone de l'étude
Source : BURCKEL (C), Inventaire et cartographie des sites d'intérêt écologique du Grand Ried Centre Alsace, op. cité, p. 15.

Le Grand Ried constitue une région naturelle d'une grande complexité, et d'une superbe beauté, qui se reconnaît dans son paysage caractéristique. Son écologie est conditionnée par l'interférence de plusieurs facteurs qui engendrent des variations subtiles et quasi-infinies d'une station à l'autre. L'utilisation par l'homme de ce milieu, en particulier au plan agricole, vient encore compliquer le tout.

I. L'écologie riedienne.

L'écologie du Grand Ried Centre Alsace est complexe. Elle dépend pour l'essentiel de la géomorphologie de cette zone ainsi que de son régime hydrologique tout à fait particulier. Cette complexité explique la très grande richesse et diversité de la faune et de la flore de cette zone humide.

Comme l'écrivent R. CARBIENER et P. HERRSCHER, "le Grand Ried Central d'Alsace doit son existence au façonnement fluvial du fossé tectonique rhénan par le Rhin glaciaire puis le Rhin post-glaciaire dit sauvage jusqu'à l'époque des endiguements et de la rectification du fleuve durant la deuxième moitié du XIXème siècle" (157).

Lors de la dernière glaciation, le Rhin, dont le bassin versant était alors constitué par la quasi-totalité du versant nord des Alpes suisses et du Vorarlberg autrichien (soit une superficie de l'ordre de 36 000 km^2), charriait d'importantes quantités d'alluvions. A la sortie de sa zone alpine, le fleuve débouchait brutalement dans le fossé tectonique alsacien à l'emplacement actuel de Bâle et subissait de ce fait une réduction très sensible de sa capacité de transport ; cela l'obligea à déposer une masse colossale de sables et de galets. Ce gravier, dont l'épaisseur par endroit va jusqu'à 200

---

157. CARBIENER (R.), HERRSCHER (P.), Les Rieds, riches et fragiles espaces convoités, in *Nos Rieds demain*, op. cité, n° 813, p. 23 ; CARBIENER (R.), Le Grand Ried central d'Alsace : écologie et évolution d'une zone humide d'origine fluviale rhénane, *Bull. Ecologia*, 1983, vol. XIV p. 249, et bibliographie citée.

mètres, va constituer la roche réservoir de la puissante nappe phréatique rhénane, la plus considérable d'Europe.

La partie amont de ce dépôt forme aujourd'hui un énorme cône de déjection entre Kembs, légèrement en aval de Bâle, et Marckolsheim, à la hauteur de Colmar. Le cours des rivières vosgiennes vient buter sur ce cône et est obligé de s'étirer vers le nord parallèlement au Rhin. Entre Colmar et Strasbourg, le profil du fleuve accuse une nette rupture de pente, de sorte que dans cette partie les alluvions déposées deviennent de plus en plus fines vers l'aval. Ce matériel sert de soubassement à l'actuel Grand Ried Centre Alsace.

La période post-glaciaire sera marquée par une très importante diminution de la charge alluviale du fleuve qui eut pour conséquence une réadaptation de son profil. La zone axiale rhénane va progressivement se bomber, ce qui permet de nos jours au Rhin de dominer légèrement sa vallée. Cela a abouti également à la formation d'une très vaste dépression en marge du fleuve qui va dès lors évoluer en milieu marécageux.

Le trait hydrologique le plus remarquable de ce façonnement a été l'individualisation de l'Ill. Cette rivière coule en effet parallèlement au fleuve car elle se trouve captive de la partie externe la plus basse de la dépression marginale de la plaine rhénane. Ainsi le Rhin ne reçoit entre Bâle et Strasbourg aucun affluent de rive gauche hormis quelques rivières phréatiques. Par ailleurs, les crues régulières du fleuve et de la rivière ont fait naître un système complexe de diffluences et de bras latéraux. Ces eaux de diffluence particularisent l'ensemble du Grand Ried et lui confèrent une originalité hydrologique marquée.

Cette dynamique fluviale a conduit à l'édification d'un système très complexe de levées et de dépressions marginales emboîtées les unes dans les autres qui alternent avec des restes remaniés de l'ancienne terrasse würmienne. Aussi détermine-t-elle également les différents sols qui caractérisent là encore le Grand Ried. R. CARBIENER a pu distinguer diverses unités écologiques qui s'échelonnent d'Est en Ouest en bandes longitudinales parallèles au Rhin et à l'Ill (Cf. carte 4).

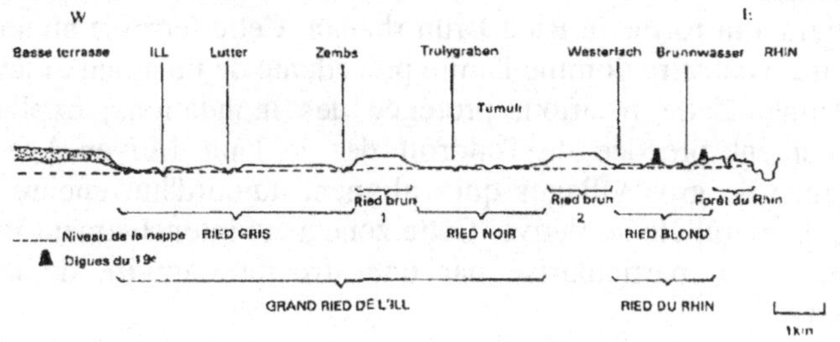

Coupe schématisée du Grand Ried, de Benfeld au Rhin en passant par les finages d'Herbsheim et Boofzheim.

Carte 4 : Coupe latérale du Grand Ried à hauteur de Benfeld.
Source : CARBIENER (R.), Le Grand Ried Central d'Alsace : écologie et évolution d'une zone humide d'origine fluviale rhénane, art. cité, p. 255.

L'axe fluvial tout d'abord est formé de sédiments grossiers déposés en milieu forestier jusqu'au XIXème siècle ; ses galets et graviers sont surmontés de limons sableux plus ou moins épais (entre 0,5 et 2 mètres). Ces sols, de caractère basique, sont très jeunes et de texture légère, pauvres en humus en général. Ils étaient occupés par une grande forêt-galerie dont il ne subsiste aujourd'hui plus que de rares lambeaux de plus en plus menacés par l'industrialisation des bords du fleuve (158).

A l'extérieur de cette première bande, on trouve une zone dénommée Ried Blond du fait de la couleur chamois de ses sols encore très peu évolués. Elle correspond grossièrement au lit majeur décennal du Rhin qui, avant son endiguement, divaguait dans toute cette région. Elle se caractérise par une texture des sols très hétérogène et une topographie très confuse héritées des anciennes humeurs vagabondes du grand fleuve.

---

158. V. CARBIENER (R.), Un exemple de type forestier exceptionnel pour l'Europe occidentale : la forêt du lit majeur du Rhin au niveau du fossé rhénan, *Revue Internationale de Phytosociologie, Ecologie et Phytogéographie*, 1970, vol. 20, p. 99 ; L'imbrication de la phénologie générative des espèces ligneuses dans le querco-ulmetum rhénan d'Alsace centrale, in *Strucktur und Dynamik von Wäldern*, Vaduz, J. Cramer Verlag, 1982, p. 557.

Le Ried Blond est bordé à l'Ouest par une terrasse de limons et de sables fins, parfois interrompue de chenaux et de bans de graviers, qui forme le Ried Brun rhénan. Cette terrasse au sol brun de nature calcaire domine l'unité précédente de un à deux mètres en moyenne. Cette position, protégée des inondations, explique le peuplement précoce de l'endroit dès le haut Moyen-Age et la présence de gros villages qui s'alignent aujourd'hui encore en un chapelet parallèle au fleuve. Cette zone a été intensivement mise en valeur et se particularise par une structure agraire de champs ouverts.

A l'Ouest de cette terrasse s'étend la vaste dépression marginale majeure du Rhin, empruntée par l'Ill dans sa bordure externe, le Ried Noir central. Cette région est marquée par une hydromorphie importante qui explique l'absence presque totale de villages. Traditionnellement, ce milieu était entièrement exploité en prairies de fauche extensives qui constituaient autant de remarquables joyaux botaniques.

Enfin, encore plus à l'Ouest, la dernière sous-unité du Grand Ried est formée par ce qu'on appelle le Ried Gris qui correspond pour l'essentiel au champ d'inondation de la rivière l'Ill. Il s'agit d'une zone de deux à quatre kilomètres de large bordant la rivière, pour l'essentiel sur sa rive est, d'une superficie totale de l'ordre de 13.000 hectares.

Cette partie du Ried joue un rôle considérable dans l'alimentation de la nappe phréatique. Elle se caractérise par la présence de nombreux dépôts de limons argileux récents dépourvus de carbonates, dont l'épaisseur dépasse rarement un mètre. Cette zone a pendant longtemps été vouée aux seules prairies.

Le paysage riedien, à coulisse, assurément le plus original de l'Alsace, est le résultat de la combinaison de la géomorphologie, de l'hydrologie et de la pédologie de cette région, où la main de l'homme est intervenue très tôt.

En général, l'aspect du paysage est (était ?) celui d'un bocage dont le maillage est cependant plus grand que celui de l'Ouest de la France. Les espaces ouverts sont occupés soit par des prairies permanentes, soit par des champs, formant souvent une étonnante marqueterie de labours et de prés. Ces espaces sont reliés entre eux par des rangées d'arbres flanqués de haies qui constituent des sortes de micro-forêts-galeries, jouxtant d'innombrables variations topographiques (fossés, talus, mini-terrasses, cours d'eau) que viennent relayer des bosquets et forêts plus ou moins grandes et éclatées sur l'ensemble de ce territoire. Les villages sont situés sur les lieux sûrs que constituent les terrasses qui sont d'une altitude suffisante pour les mettre hors d'atteinte des fréquentes inondations. Ils sont ceinturés de vergers familiaux traditionnels, malheureusement menacés par l'abandon (lié dans une large mesure à l'extinction progressive du privilège des bouilleurs de cru), les remembrements et les nouveaux lotissements.

Le Ried apparaît ainsi comme une région magique (et selon les historiens, il semblerait qu'effectivement certains endroits étaient, dans la lointaine préhistoire alsacienne, considérés comme sacrés), où se marient, dans une étreinte intime, la terre et l'eau ; mais c'est aussi et surtout un endroit où se mélangent les eaux ; les eaux souterraines se transforment parfois en eaux de surface et les eaux de surface souvent y rejoignent les eaux souterraines. En un mot, l'eau est l'élément clé de tout le paysage riedien. Elle définit la végétation, la faune qui peuple cette région, elle commande l'agriculture développée par l'homme depuis des millénaires.

Car la formidable nappe phréatique rhénane est ici omniprésente. Sa partie alsacienne représente un volume global de 40 milliards de m^3 d'eau dont seulement 1,3 milliards sont renouvelés chaque année. La direction d'écoulement de ces eaux souterraines est globalement parallèle à l'Ill et au Rhin et suit une direction à peu près sud-nord. La vitesse du flux varie selon les endroits entre quelques mètres et quelques décimètres par jour. L'alimentation de ce réservoir résulte de l'infiltration des eaux de surface dans les proportions suivantes : environ un quart des eaux d'alimentation provient de l'infiltration des cours d'eau vosgiens au niveau de leur cône de déjection ; un autre quart résulte des eaux de pluie qui arrosent l'ensemble du bassin. Enfin la moitié restante est due à la pénétration des cours d'eau de la plaine, pour l'essentiel l'Ill et, aujourd'hui beaucoup moins, le Rhin (essentiellement en raison de l'endiguement du grand fleuve, transformé de nos jours en autoroute fluviale de l'Europe industrielle du Nord-Ouest).

Dans le Grand Ried, le toit de la nappe est toujours très proche de la surface du sol à une profondeur variant entre O,5 et 1,5 mètres. Des dénivellations topographiques mineures, de l'ordre de quelques décimètres, sont alors capables d'introduire des différences écologiques sensibles, elles-mêmes associées au degré variable d'hydromorphie des sols. Par ailleurs, entre Colmar et Erstein, les eaux de la nappe alimentent également de nombreuses rivières phréatiques, les Brunnenwasser (littéralement eaux de fontaine ou de source), qui s'écoulent dans les anciens bras latéraux du Rhin ou de l'Ill, dont les eaux sont d'une pureté souvent exceptionnelle et d'une richesse naturelle tout à fait remarquable, réseau dont on ne connaît pas d'équivalent en Europe. La fraîche et constante température de ces eaux (de l'ordre de 10 degrés ctg) exerce une action importante sur le microclimat des sols (159).

Cette proximité de la nappe phréatique avec la surface du sol facilite à l'évidence les échanges avec les eaux de surface, celles de l'Ill et certains de ses affluents, en particulier la Fecht, "commerces" qui ont lieu principalement au printemps lors de la fonte des neiges et après les pluies de l'automne. Des remontées de la nappe peuvent aussi maintenir les sols inondés après la décrue des rivières.

L'Ill connaît pour l'essentiel un régime de type océanique, marqué par une période de hautes eaux en hiver et au printemps et une période estivale et automnale de basses eaux. La période de crue se situe en général de novembre à mars-avril, avec une proportion nettement plus marquée en janvier et février. Ces crues entraînent dans le Ried des inondations importantes, phénomène qui caractérise traditionnellement cette zone naturelle. Les images de villages alsaciens, entourés de leurs vergers, juchés au sec sur leur micro-terrasse au milieu d'un immense lac gelé çà et là sous un resplendissant ciel bleu, sont un classique du paysage alsacien.

L'hydrologie très typique du Grand Ried est à l'origine de milieux aquatiques très diversifiés du fait de l'existence conjointe de cours d'eaux eutrophes chauds en été et de rivières alimentées

---

159. CARBIENER (R.), Article "Brunnenwasser", in *Encyclopédie de l'Alsace*, vol. 2, Strasbourg, 1983, pp. 891-900.

par la nappe phréatique qui se caractérisent par une température quasi constante en toutes saisons.

Aussi, la richesse biologique du Grand Ried est-elle tout à fait considérable. La variété de ses biotopes a en effet favorisé une extraordinaire diversité de la flore et de sa faune.

La flore.

L'intérêt botanique du Ried procédait pendant de longues années d'une harmonieuse combinaison entre massifs forestiers et grandes étendues de prairies de fauche, des milieux d'une valeur tout à fait exceptionnelle (160).

Le Ried se distingue par l'existence d'un nombre important d'espèces parfois rarissimes qui trouvent ici leur seule station pour l'Alsace, voire même pour certaines d'entre elles, pour toute la France. Elles se situent souvent en limite de leur aire de répartition. Le Ried constitue une zone de confluence entre des influences multiples : - eurasiatiques continentales, on y trouve l'iris de Sibérie (iris sibirica), la gesse des marais (lathyrus palustris), le glaïeul palustre (gladiolus palustris), l'ail des ours (allium ursinum) ou l'oeillet superbe (dianthus superbus) ; - sub-méditerranéennes comme l'orchis palustre (orchis palleus), l'orchis militaire (orchis militaris), l'ophrys bourdon (ophrys fuciflora) ; - nordiques avec le pédiculaire des marais (pedicularis palustris) ou la parnassie des marais (parnassia palustris) ; - alpines avec la douce gentiane (gentiana pneumonenthe et germanica) et enfin subméditerranéo-atlantiques comme ces orchidées très rares que sont le liparis de Loesel (liparis loeselii) ou la spiranthe d'été (spiranthes aestivalis). Le maintien de ces espèces est à l'heure actuelle de plus en plus menacé par la destruction de leurs stations, et pour certaines d'entre elles, leur population se chiffre aujourd'hui à peine à une centaine d'individus, parfois moins encore.

---

160. BERNARD (A.), JAKOB-BURCKEL (C.), La richesse floristique des prairies et milieux ouverts, in *Nos Rieds demain*, op. cité, pp. 77-105 et importante bibliographie ; CARBIENER (R.), Le Grand Ried central d'Alsace : écologie et évolution d'une zone humide d'origine fluviale rhénane, art. cité.

La composition des forêts varie en fonction de leur lieu d'implantation. Sur les sols particulièrement marécageux, l'on trouvait surtout des aulnes (en particulier alnus glutinosa). Mais les aulnaies vraies n'occupent plus aujourd'hui que des surfaces résiduelles et cèdent de plus en plus la place à des aulnaies à frênes, accompagnées de merisiers, beaucoup plus répandues. Les sols alluviaux plus secs permettent l'apparition de frênes, de chênes et de charmes. Malheureusement tous les massifs forestiers ont été dénaturés par le mode d'exploitation pratiqué et surtout par l'introduction de nouvelles essences comme le peuplier d'Italie, l'érable ou même l'épicéa, pourtant fort mal adaptées à cette région.

La faune.

Nous nous limiterons à quelques observations relatives aux oiseaux et aux mammifères (161).

Le milieu riedien est spécialement favorable à l'avifaune. Cela se mesure à la diversité des espèces présentes qui est liée bien évidemment à la variété des biotopes. L'avifaune est riche (ou plutôt était riche jusqu'à une époque récente) d'espèces hautement spécialisées qui constituent d'excellents indicateurs de la qualité du milieu. Il s'agit par exemple du busard cendré, du hibou des marais, du râle des genêts, du courlis cendré ou de la bergeronnette printanière. La plupart d'entre elles sont liées aux prairies et à leur mode d'exploitation traditionnelle. Or cette dernière s'est transformée progressivement et cela se traduit tristement par un appauvrissement très net de l'avifaune riedienne.

Concernant les mammifères, environ quarante-cinq espèces sont représentées dans la région. Aucune d'entre elles n'est spécifique par rapport au reste de l'Alsace. Le chevreuil est très répandu, sa densité, de l'ordre de cinq à dix têtes pour 100 hectares, étant liée à l'existence de milieux bocagers. Il cause des dégâts plutôt minimes aux cultures, pour l'essentiel par abroutissement des céréales au stade laiteux. Le sanglier, plus discret, est présent lui aussi sur

---

161. V. sur ce point SIEGWALT (P.), La faune des Rieds : originalité, évolution, menaces, in *Nos Rieds demain*, op. cité, p. 125.

toute l'étendue du Ried. Les densités atteignent de bons niveaux (de l'ordre de deux à cinq sangliers pour 100 hectares). Il est à l'origine d'importants dégâts aux prairies et aux cultures. Les champs de maïs aujourd'hui omniprésents lui fournissent une nourriture copieuse qui lui permet de se reproduire abondamment. Enfin le Ried possède aussi une population importante de daims, la seule en France de souche sauvage (de l'ordre de cinq-cent animaux depuis 1978 avec un effectif maximum d'un millier d'individus en 1960). Ces animaux s'observent d'Erstein à Neuf-Brisach, en particulier dans la forêt de l'Illwald où l'on trouve les plus fortes concentrations. Il y a environ une vingtaine d'années, cette forêt traitée traditionnellement en taillis sous futaie, a commencé à être transformée en haute futaie. Par ailleurs, les prairies avoisinantes sont aujourd'hui retournées à proportion de 80 % de leur superficie et transformées en monocultures de maïs. En conséquence, le daim, ne trouvant plus assez de nourriture, s'est attaqué aux semis et aux jeunes plantations, portant ainsi préjudice à la régénération des peuplements forestiers. L'O.N.F. a alors engrillagé plus d'un tiers de la superficie forestière, aujourd'hui interdite aux ongulés dont les forestiers demandèrent une forte réduction.

II. L'évolution de l'agriculture riedienne.

Entretenue par un relatif isolement vis-à-vis des autres régions alsaciennes, l'agriculture du Ried a longtemps reposé sur une sorte de rude symbiose entre l'homme et son environnement. Depuis lors, les données économiques ayant fondamentalement changé, le milieu riedien a suivi une évolution brutale et profonde correspondant aux transformations de l'agriculture. Cette conversion s'est traduite en particulier par la disparition de vastes surfaces de prairies.

Jusqu'au milieu du XXème siècle, aux environs des années soixante, la société rurale du Ried est une société de petits paysans où l'agriculture occupe la première place. Les structures des exploitations agricoles se caractérisent alors par une exiguïté extrême, leur taille moyenne étant de l'ordre de 6,4 hectares dans le grand Ried contre une moyenne 10 hectares dans la plaine loessique. Le morcellement du parcellaire est extrême ; pour une exploitation de quatre hectares, par exemple, l'on dénombrait jusqu'à 25 à 30 parcelles réparties aux quatre coins du finage ! S'ajoutant à la médiocrité partielle des terroirs, souvent inondés, cette situation conférait aux habitants du Ried une réputation de pauvreté, réputation qui se reflétait dans l'appellation très péjorative en Alsace, région riche, de "kue büre", c'est-à-dire de "paysans qui n'ont qu'un attelage à vaches". Ces éléments, a priori négatifs, ne doivent néanmoins pas cacher les capacités d'adaptation et le dynamisme de la population de cette région qui, à la veille de la dernière guerre, était une des plus densément peuplée d'Alsace (environ 121 habitants au km^2).

En réalité, le morcellement des propriétés foncières n'était que le signe d'une adaptation certaine de l'exploitation de l'homme au morcellement du milieu physique. Les levées couvertes de limon post-glaciaire et abritées de l'eau étaient consacrées à la culture, pour l'essentiel de céréales (blé, orge, avoine et maïs traditionnel) auxquelles s'ajoutaient quelques cultures spéciales comme le tabac, le chou à choucroute, la pomme de terre ou le chanvre. Il y avait aussi quelques rares cultures fourragères (betteraves et prairies temporaires). Les bancs plus caillouteux supportaient de nombreux petits bois qui fournissaient le bois de chauffage, du bois d'oeuvre et des feuilles mortes pour les litières animales. Enfin, les dépressions humides étaient vouées à la prairie. Celle-ci était cependant d'une qualité variable du fait de la complexité du milieu. Ainsi, par exemple, dans les bas-fonds assez marécageux du Ried Noir, les prés étaient d'un rendement fourrager plutôt faible (en moyenne de l'ordre de cinq tonnes à l'hectare par an à 85 % de matière sèche) ; on y pratiquait la fauche tardive et surtout le parcage des moutons en hiver. En revanche, les prairies du Ried gris offraient des rendements parmi les plus élevés d'Europe (en moyenne de l'ordre de sept tonnes par hectare par an à 85 % de matière sèche). Ces prairies bénéficiaient de limons fertiles déposés par l'Ill lors de ses inondations. Les agriculteurs riediens reproduisirent ce phénomène naturel en créant à la fin du XIXème siècle des syndicats des eaux ou d'irrigation, ce qui permettait d'assurer la bonification des terres par drainage ou par irrigation artificielle. Ces prés étaient souvent loués herbe sur pied aux agriculteurs des communes avoisinantes ou aux viticulteurs des collines sous-vosgiennes qui se fournissaient ainsi en fourrage pour leurs animaux de trait. Par ailleurs, assez logiquement, les communes du Ried possédaient toutes, à quelques exceptions près, des surfaces souvent très étendues de biens communaux (qui représentaient par exemple 52 % du finage de Rhinau et jusqu'à 80 % à Auenheim). Ces biens, qui comportaient quelques labours et quelques forêts mais surtout des prés situés dans la zone inondable, témoignent de traditions communautaires anciennes que la nature des milieux dans lesquels vivait l'homme impliquait presque obligatoirement.

Ces surfaces de prairies ont longtemps conféré au Ried une vocation d'élevage orientée essentiellement vers les productions bovines. Le cheptel était surtout spécialisé en vaches laitières, souvent placées en stabulation du fait de l'humidité des sols et des moustiques. A cette production s'ajoutait un élevage porcin familial ainsi que des produits de la basse-cour vendus sur les marchés locaux.

Par rapport au reste de l'Alsace, l'économie agricole du Ried était donc relativement archaïque mais bien insérée dans son milieu naturel. Les rapports entre l'homme et la nature se trouvaient limités par des contraintes connues et acceptées. L'agriculture était surtout axée sur l'élevage et la production herbagère qui profitait par ailleurs du limonage régulier des prairies ; elle était de fait tout à fait adapté au milieu très particulier qu'est le Ried. Si la valeur ajoutée obtenue était en général faible en dépit d'un investissement en travail élevé, elle faisait vivre une population très dense grâce à une pulvérisation des productions liée à la petitesse des exploitations, une vie en autarcie et un travail de l'homme acharné et souvent communautaire. A partir de 1960 cependant, cet équilibre ancestral va se rompre d'une manière radicale.

Comme dans de nombreuses autres régions, l'évolution de la politique agricole dans le sens de "l'industrialisation de l'agriculture" va doublement marquer le Ried : d'une part, on assiste à une concentration des exploitations, d'autre part, les pratiques culturales se transforment d'une manière complète.

La concentration des exploitations.

Quelques observations rendront aisément compte de ce phénomène.

Comme partout, le nombre d'exploitations agricoles a beaucoup diminué. Dans les vingt-six communes de l'étude, pour n'examiner leur évolution que sur une période récente, ce nombre est passé de 1078 en 1980 à 950 en 1988 (source : R.G.A. 1980 et 1988) soit une diminution de 11,8 %. Corrélativement, leur surface moyenne a bien évidemment considérablement augmenté. En 1956, plus de 80 % des exploitations du Grand Ried comptaient une surface inférieure à dix hectares, la moyenne étant d'environ cinq hectares. Ce même chiffre est aujourd'hui d'environ 13 hectares (légèrement inférieur à la moyenne départementale qui est de 14,8 hectares).

Une analyse plus fine montre cependant que la superficie à compter de laquelle le nombre d'exploitations augmente est de plus de 35 hectares dans les années 1980. Ce chiffre, qui est aussi celui de la moyenne départementale, reflète certainement un effet de seuil et semble correspondre à la surface minimum assurant une rentabilité économique aux exploitations de polyculture-élevage. Entre 1980 et 1988, le nombre d'exploitations de moins de dix hectares diminue de 10,5 % seulement, mais ce taux passe à 32,8 % en ce qui concerne la tranche des exploitations de dix à vingt hectares et à 21 % entre vingt et trente cinq hectares. En revanche, entre trente cinq et cinquante hectares, on enregistre une hausse de 23 %, de 28 % au-delà de cinquante hectares. Cette évolution est conforme à celle de l'ensemble du département qui entre 1955 et 1988 a vu disparaître les deux tiers de ses exploitations agricoles.

Les analyses du Centre de Gestion Agréé de la Chambre d'Agriculture du Bas-Rhin portant sur un échantillon d'une cinquantaine d'exploitations de la partie bas-rhinoise du Grand Ried confirment si besoin en était cette évolution. En 1974, la surface agricole utilisée moyenne en hectares par exploitation de l'échantillon était de 35,4 hectares. En 1980, elle passait à 49,9 hectares. Enfin en 1988, cette surface moyenne était de 55,1 hectares, soit légèrement inférieure à la moyenne départementale C.G.A. qui était de 56,6 hectares.

Ce phénomène de restructuration foncière des exploitations ne s'est cependant pas déroulé de façon régulière dans le temps. Ainsi, si l'on compare l'évolution entre 1974 et 1984 de la surface moyenne unitaire de l'échantillon d'exploitations du Ried à la moyenne bas-rhinoise, on s'aperçoit que le taux de croissance de leur superficie dans le Ried est de l'ordre de 55,6 % contre un taux moyen dans le Bas-Rhin de l'ordre de 45,1 %. En revanche, le phénomène de concentration connaît un sévère ralentissement dans les années 1980. La surface moyenne des exploitations dans le Bas-Rhin augmente en général d'environ 12 % alors que l'on enregistre une quasi stabilité dans le Ried. C'est là certainement une des conséquences de la politique de restriction de la production laitière et céréalière dans laquelle le Ried s'était spécialisé.

Cette évolution globale peut par ailleurs être mise en relation avec un phénomène plus fin qui est celui de la divergence entre l'évolution du nombre d'actifs à temps complet et du nombre d'actifs à temps partiel. Ainsi pour les actifs agricoles à temps complet, leur nombre passe de 829 en 1980 à 585 en 1988, soit une diminution de l'ordre de 30 %. En revanche, en ce qui concerne les pluri-actifs agricoles, leur nombre passe de 249 en 1980 à 398 en 1988, soit une augmentation de + de 60 %.

Plusieurs raisons expliquent cette importance de la pluri-activité. La première est tout simplement la pauvreté des terres, surtout au nord de la zone où elles sont soit relativement humides, soit très sèches et oligotropes. D'autre part, la pluri-activité s'explique aussi et surtout en raison de la petite taille de la plupart des exploitations qui ne sont pas viables économiquement (en général moins de dix hectares).

La concentration des exploitations agricoles a pour conséquence la coexistence dans cette zone naturelle de plusieurs types d'exploitations qu'on peut schématiquement classer en trois catégories : l'exploitation traditionnelle, l'exploitation dite dynamique et enfin l'exploitation tenue par un pluri-actif (162).

---

162. JAKOB-BURCKEL (C.), NEUMULLER (C.), L'évolution de l'agriculture riedienne ou l'analyse d'un engrenage, in *Nos Rieds demain*, op. cité, pp. 61-75.

L'exploitation traditionnelle produit conjointement des céréales, du lait (environ 15 % des revenus), de la viande (33 %) ou de la betterave sucrière. La surface agricole utile reste faible, de l'ordre de vingt cinq à trente hectares, parfois même moins de vingt hectares lorsque l'agriculteur est proche de la retraite et n'a pas de successeur. L'équipement est en général important mais peu d'investissements sont engagés.

L'exploitation dynamique est axée sur la culture des produits les plus rentables avec comme conséquence une mobilité assez rapide et une simplification des systèmes de culture. Les investissements pour la restructuration des exploitations sont importants. Leur taille est au minimum de trente cinq à cinquante hectares. On rencontre sur le terrain différents cas de figure. Le premier est celui de la céréaliculture exclusive qui reste cependant une exception réservée aux exploitations de plus de soixante dix hectares de S.A.U.. D'autres exploitations sont orientées vers la production de céréales et de plantes sarclées, telles le tabac le plus souvent. Un troisième type d'exploitation combine production de céréales, élevage de bovins et culture de betteraves sucrières ou de légumes de plein champ. La période récente dans le Ried se caractérise par la domination de ces grandes exploitations. Cette domination correspond d'ailleurs à l'évolution générale du Bas-Rhin où l'on observe, d'après le recensement général de l'agriculture de 1988, un renforcement des systèmes de culture les plus simples, céréales et grandes cultures.

Reste enfin le cas des exploitations tenues par un pluri-actif. Ces dernières sont soit très spécialisées, soit très simplifiées et procurent surtout des revenus complémentaires. L'activité agricole est parfois même considérée comme un loisir par certaines personnes ; les productions sont alors essentiellement fruitières ou, de façon plus générale, arboricoles.

La transformation des pratiques culturales.

L'évolution récente des pratiques culturales dans le Ried est marquée par une constante, le renforcement de l'exploitation céréalière, en d'autres termes par la mise en oeuvre de systèmes de culture simplifiés et généralement très mécanisés. Cette évolution s'observe à un double égard, d'une part en ce qui concerne la mise en valeur des surfaces agricoles et d'autre part, au niveau des productions mises en oeuvre.

Tout d'abord, du point de vue de l'affectation des surfaces agricoles, force est de constater la diminution considérable de la surface en prés au profit de leur transformation en terres labourables. Au début des années 1950, le Grand Ried Centre Alsace était couvert de prairies pour environ 80 % de sa surface, 20 % étant consacré aux terres de labour. L'évolution des modes de culture a complètement modifié cette caractéristique. En 1980, dans l'échantillon de communes sélectionnées, la S.A.U. (163) toujours en herbage n'était plus que de 5.510 hectares pour une S.A.U. totale de 19.693 hectares, soit une proportion de 27,9 %. Cela signifie qu'entre 1950 et 1980, les prés ont disparu au rythme d'environ 350 hectares par an. Entre 1980 et 1988, cette évolution, quoique ralentie, s'est prolongée ; selon les dernières informations du R.G.A. 1988, la S.A.U. en herbage à cette date n'était plus que de 3.799 hectares, c'est-à-dire 19,2 % de la S.A.U. totale.

---

163. S.A.U. : Surface Agricole Utilisée ; il s'agit de la superficie des exploitations ayant leur siège dans une commune du groupe analysé, quelle que soit la localisation des terres (dans la commune ou ailleurs).

TABLEAU N° 3 : AFFECTATION DE L'ESPACE AGRICOLE (HA) POUR LES COMMUNES ETUDIEES

	a SAU totale	b Terres arables	c Céréales	d Herbages
1. 1980	19 693	14 271 b/a 72,4 %	9 808 c/a 49,8 %	5 510 d/a 27,9 %
2. 1988	19 757	15 275 b/a 77,3 %	11 235 c/a 56,8 %	3 799 d/a 19,2 %
2/1	99,6 %	107 % (+ 17 %)	114,5 % (+ 14,5 %)	68,9 % (- 31,1 %)

Source : RGA 1980 et RGA 1988

La tendance s'est donc prolongée, la surface de prés diminuant au rythme plus ralenti de 214 hectares par année. Entre 1980 et 1988, 31 % de la surface en herbage aura disparu au profit des terres arables. Et pour les fameuses trente années glorieuses de l'agriculture, c'est au total quasiment une surface de l'ordre de 16.000 hectares de prés qui est passée sous le soc de la charrue !

Cette transformation de l'affectation des surfaces agricoles est étroitement liée à l'extension imposante des surfaces consacrées à la culture des céréales et plus particulièrement du maïs (maïs grain et maïs fourrage). Entre 1979 et 1988, la surface consacrée à la culture des céréales a considérablement augmenté. Dans la petite région agricole du Ried sud, plus de la moitié de la S.A.U. est aujourd'hui cultivée en céréales. Surtout, le caractère le plus frappant de cette évolution est la véritable explosion de la superficie consacrée au maïs. Entre 1979 et 1988, cette dernière a augmenté dans le Ried sud de plus de 160 %. En 1988, pour les communes de notre étude par exemple, sur une S.A.U. totale de 19.757 hectares, plus de 55,2 % de cette surface était consacrée aux céréales (11.000 hectares environ). Sur cette surface de quelque

11.000 hectares, on observera que les trois-quarts de celle-ci étaient consacrés à la culture du maïs (73,6 %, soit une surface de 8.085 hectares au total). Cela signifie que le maïs, pour les communes étudiées, représente une S.A.U. totale de l'ordre de 40,9 %.

Cette culture présente trois caractéristiques. Tout d'abord, elle requiert, compte tenu de la médiocrité des sols qui la supportent, l'utilisation massive d'engrais. En effet, l'extension de la surface en maïs s'est faite pour l'essentiel sur des sols pauvres consacrés jusqu'alors aux prairies. Par ailleurs, en raison des inondations hivernales, ces sols font l'objet d'un lessivage fréquent. La deuxième caractéristique de cette culture est l'utilisation intensive de l'irrigation en été, alors que le Bas Rhin se caractérise en général par un recours plutôt modéré à cette technique. Cette irrigation est nécessitée par la nature des sols qui s'assèchent très rapidement. De plus, elle est favorisée par les facilités que présente la mobilisation de la ressource en eau dans tout le Ried sud. Comme nous l'avons observé, le toit de la nappe phréatique est toujours très proche de la surface du sol et dans nombre d'endroits, il suffit de creuser un simple puisard d'un mètre de profondeur pour pouvoir prélever l'eau nécessaire à l'arrosage des champs de maïs. Enfin, troisième élément, la culture du maïs est bien entendu fortement mécanisée. Pour n'en donner qu'un seul indice, on observe dans le Ried sud, et en particulier dans les communes que nous étudions, certaines des plus fortes densités de tracteurs par commune du Bas-Rhin. Selon les cantons, cette densité varie entre 161 et 182 tracteurs pour cent exploitations, parfois même plus de 182 tracteurs.

Les conséquences des mutations de l'agriculture sur le milieu riedien.

A chaque évolution de l'économie agricole correspondent des transformations plus ou moins sensibles et irréversibles du milieu naturel. Dans le Grand Ried et au rythme actuel de l'évolution de son agriculture, seule peut-être la toponymie témoignera encore de l'état de cette région naturelle dans le passé. Les conséquences des nouvelles pratiques culturales sont en effet particulièrement désastreuses d'un point de vue écologique. Elles se traduisent par une érosion accélérée des sols, la pollution de la nappe phréatique, l'appauvrissement de la faune et de la flore et la disparition du paysage riedien.

L'érosion des sols est liée pour l'essentiel à ce qu'une bonne partie du grand Ried Centre Alsace sert de champ d'inondation à l'Ill, correspond au lit majeur de cette lente rivière. Cette zone inondable couvre une surface totale de 10 à 12.000 hectares et joue un rôle considérable dans l'alimentation de la nappe phréatique. Or la suppression des prés dans cette zone, par suite de leur transformation en champs de maïs, expose les sols dénudés après les récoltes de l'automne à l'effet abrasif des inondations hivernales. En l'espace de quelques années, la riche couche superficielle des sols peut ainsi disparaître (et a d'ores et déjà disparu dans plusieurs secteurs), emportée par les eaux de fortes crues. Ce problème a été largement évoqué par les responsables agricoles qui l'ont inscrit dans le cadre d'une action prioritaire de lutte contre l'érosion des sols. Par ailleurs subsiste également le risque d'inondations au printemps et au début de l'été, à la suite en général de fortes chutes de pluie, des inondations favorisées et accélérées par les importants travaux d'aménagement de l'Ill et de ses affluents réalisés dans le Haut-Rhin, aboutissant à la suppression de la plupart des zones d'épandage du bassin versant amont de la rivière. Elles sont la cause évidente d'importants dégâts à des cultures en pleine végétation à ce moment. Ce fut le cas en particulier en 1983 avec l'apparition d'une crue centennale (164).

Elles justifieront l'année même, pour les syndicats d'agriculteurs et la Direction Départementale de l'Agriculture du Bas Rhin, la relance d'un vieux projet de recalibrage du réseau de l'Ill domaniale entre Colmar et Erstein, l'avant-projet sommaire prévoyant de porter les capacités d'évacuation de la rivière à 150 m^3 d'eau par seconde sans débordement, soit un doublement de la capacité de la rivière à certains endroits. Mais à l'évidence, ce projet trouvait en fait sa justification réelle dans les transformations structurelles

---

164. V. sur ce point CLOOTS-HIRSCH (A.R.), Mécanisme et genèse des inondations du printemps 1983 dans le Ried central de l'Ill, *Mosella*, 1985, T. XV, n° spéc., p. 149 ; CENTRE NATIONAL DE LA RECHERCHE SCIENTIFIQUE, Groupe P.I.R.E.N.-EAU-Alsace, *Relations eaux de surface - eaux souterraines dans le bassin de l'Ill domaniale*, Strasbourg, rapport de synthèse 1985-1988, 1989, dactyl., 124 p., p. 9 à 40.

qu'avait connue l'agriculture riedienne depuis les années 1960. A cet égard, le rapport de présentation annexé au dossier de déclaration d'utilité publique soumis à enquête à l'automne 1988 ne cachait absolument pas ses raisons d'être profondes : "les effets de ces inondations sur les terres agricoles riveraines n'ont pas été considérés comme insupportables par les exploitants agricoles tant que les terres inondables sont restées en prairies naturelles" y lisait-on ; et plus loin : "le développement et la spécialisation des exploitations agricoles depuis une vingtaine d'années ont conduit à retourner une partie notable de ces prairies en vue d'y substituer des cultures annuelles, telles que le maïs..." (165).

Ce projet allait cependant se heurter à l'opposition vigoureuse de l'Association Fédérative Régionale pour la Protection de la Nature et des scientifiques de la région, ponctuée par une descente en canoë de l'Ill depuis sa source dans le Jura alsacien, diverses manifestations de masse et la restauration d'un bras de la rivière à Sélestat. En fin de compte, après de longues et parfois tumultueuses discussions (dont un "blocage" du Président de la Région Alsace dans la mairie de Sermersheim par les syndicats agricoles en 1986, qui démontre si besoin en est le climat plutôt méridional dans lequel se déroulèrent les négociations), le projet d'aménagement fut assez largement remanié et essaya de prendre en compte une gestion de l'ensemble fleuve-bassin d'alimentation considéré comme un écosystème global. Cela se traduisit en particulier par l'élaboration d'une charte des zones inondables et la mise en place d'un comité de pilotage du projet, déclaré d'utilité publique par un arrêté des préfets des deux départements rhénans en date du 9 novembre 1989.

Cette charte couvrait l'ensemble des zones inondables par les crues cinquantenales de l'Ill domaniale, soit au total une zone de 13.000 hectares. Le Conseil Régional adoptait à cet effet un programme quinquennal qui prévoyait d'une part la conservation des sites floristiques qui présentent un grand intérêt botanique (d'une superficie totale d'environ 250 hectares dont la Région Alsace souhaitait acquérir la maîtrise foncière), d'autre part la

---

165. Cité par BARBIER (P.), L'aménagement de l'Ill en question, in *Nos Rieds demain*, op. cité, p. 185.

conservation des zones humides propices à l'avifaune (dont les surfaces sont estimées à 150 hectares environ), la conservation des caractéristiques des paysages riediens et enfin la mise en oeuvre d'un aménagement agricole global ayant notamment pour objectif de préserver la nappe phréatique de la pollution par les nitrates. Le coût de l'ensemble des actions prévues par la charte était de l'ordre de trente à quarante millions de Francs dont la moitié était prise en charge par la Région directement, et pour le solde par un "contrat de nappe" conclu le 11 juillet 1990 entre l'Agence de Bassin Rhin-Meuse et la Région.

Les choses semblaient ainsi en bonne voie lorsque le 2 juin 1992, une décision du Tribunal Administratif de Strasbourg annulait l'arrêté préfectoral déclarant l'opération d'utilité publique. Le jugement accueillait plusieurs moyens développés par l'A.F.R.P.N., relatifs en particulier aux insuffisances de l'étude d'impact, plutôt muette sur la question des effets du retournement des terres et du développement de la culture du maïs sur la teneur en nitrates de la nappe. Le comité de pilotage, qui avait été créé par l'arrêté préfectoral, n'existait plus, et la fameuse charte des zones inondables était de ce fait privée de portée pratique. L'affaire remettait le feu aux poudres, feu couvant d'ailleurs compte tenu de l'agitation provoquée par la toute proche réforme de la P.A.C. et qui ne demandait donc qu'à reprendre. Les agriculteurs obtenaient du coup l'appui de toute (ou presque) la classe politique bas-rhinoise et manifestaient leur colère en retournant purement et simplement l'une des rares prairies riediennes qui subsistait près de l'Ill. Le lendemain, les écologistes réensemençaient en herbe la zone ravagée par les tracteurs (166) !

Cet épisode judiciaire d'une affaire toujours en cours de négociation met en exergue le problème préoccupant de la pollution de la nappe phréatique dont le développement de la maïsiculture intensive peut être tenu pour responsable partiel.

Les eaux souterraines sont en effet souillées aujourd'hui par de nombreux produits, dont en particulier des pesticides mais surtout des nitrates ; ces derniers proviennent pour moitié de l'industrie, de

---

166. V. sur ces points les articles parus dans le journal "*Les Dernières Nouvelles d'Alsace*" des 5, 6, 7 et 8 juin 1992.

réseaux d'assainissement défectueux et de dépôts d'ordures ménagères (officiels mais surtout officieux), et pour l'autre moitié de l'agriculture.

Pour ce secteur d'activité, cette nuisance est principalement le résultat de deux phénomènes, le lessivage des engrais azotés dans la zone inondable par les inondations et les précipitations d'une part, par la décomposition de l'humus occasionnée par le retournement des prairies d'autre part.

La teneur moyenne en nitrates des captages d'eau potable de la plaine d'Alsace est ainsi passée de 12 mg par litre en 1970 à 20 mg par litre en 1987. A Baldenheim dans le Ried Centre Alsace, les teneurs moyennes en nitrates de la nappe sont passées de 14 mg par litre en 1976 à 36 mg par litre en 1988, les valeurs les plus élevées étant observées sur les terres cultivées (les valeurs extrêmes observées en juillet 1988 dans des eaux prélevées en zones de culture allaient de 11,5 à 100 mg/l) (167). Prenant compte de cette évolution rapide, une étude prospective rendue en juin 1988 par le Service Géologique Régional d'Alsace concluait que "l'extension, en terme de surface de nappe rendue inutilisable en eau potable, progresse de 100 km² en 1987 à 470 km² en l'an 2 000 et 1 500 km² à long terme" (168). Autrement dit, au rythme actuel de cet immense gâchis écologique et économique, cette évolution aboutirait d'ici vingt à trente ans à une stérilisation d'à peu près la moitié de la surface de la nappe phréatique alsacienne qui pourtant est une richesse incomparable.

Enfin, la transformation des prairies permanentes en terres labourées a contribué à un appauvrissement considérable de la

---

167. BRANDT (M.), FROEHLICHER (R.), KAYASSEH (M.), SCHENCK (C.), *Causes et effets des retournements de prairies dans la zone inondable de l'Ill. Approche agronomique et sociologique*, CENTRE NATIONAL DE LA RECHERCHE SCIENTIFIQUE, Groupe P.I.R.E.N. EAU Alsace, Strasbourg, rapport dactyl., 1989, 20 p..

168. Cité in JAKOB-BURCKEL (C.), NEUMULLER (C.), L'évolution de l'agriculture riedienne ou l'analyse d'un engrenage, in *Nos Rieds demain*, op. cité, p. 72 ; pour une analyse détaillée du phénomène, v. également le rapport du Groupe P.I.R.E.N. EAU Alsace, *Relations eaux de surface - eaux souterraines*, op. cité, pp. 41 à 93 avec une importante bibliographie.

faune et de la flore. Au niveau de l'avifaune par exemple, on observe que les oiseaux nichant au sol sont en très forte régression (courlis cendrés, râles des genets), certains même ont disparu comme le hibou des marais, le busard cendré ou le busard St Martin. Et la régression de la cigogne blanche, image hautement symbolique de l'Alsace traditionnelle, s'explique dans une large mesure par la destruction des anciens sites de gagnage de l'espèce.

Il en va de même de la flore. De nombreuses plantes tout à fait spécifiques du milieu riedien ont quasiment disparu de cette zone, par exemple, l'iris de Sibérie, le glaïeul palustre, l'oeillet superbe ainsi que diverses orchidées. Là encore, les retournements des prés sont la cause directe de ce saccage, soit par simple effet mécanique, soit parce qu'ils favorisent le développement de plantes plus communes qui concurrencent directement les espèces spécialisées et caractéristiques du milieu riedien.

Notre zone d'étude forme donc de nos jours un milieu extrêmement menacé par l'évolution des pratiques agricoles, dangers dont la société alsacienne prend lentement conscience en particulier au travers des problèmes de pollution d'une nappe phréatique considérée comme le patrimoine commun de tous les habitants de la grande vallée rhénane, et à ce titre porteuse d'une forte charge affective. Mais c'est aussi un milieu où émerge progressivement, malgré de nombreux avatars, l'idée d'un développement local intégrant tous les agents et tous les aspects de la vie socio-économique, et en particulier l'agriculture. L'objectif recherché est en quelque sorte une gestion intégrée de l'environnement au niveau local, une gestion permettant de prendre en compte globalement et conjointement l'ensemble des données écologiques et économiques.

Une telle conception de l'administration du milieu de vie implique la résolution des contradictions patentes entre les impératifs économiques et les réalités écologiques. A cet égard, qu'en est-il du facteur fiscal ? *Dans quelle mesure, la taxe sur les propriétés foncières non bâties influe-t-elle sur une telle gestion intégrée ? Ne favorise-t-elle pas plutôt une conception exclusivement économique de l'espace rural, au détriment de ses réalités biologiques et naturelles ?*

CHAPITRE II
L'APPROCHE FISCALE DU GRAND RIED

Après avoir déterminé la nature et la configuration du champ d'investigation, il fallait choisir une tactique. Trois angles d'attaque ont alors été sélectionnés. Dans un premier temps, nous avons procédé à l'analyse des surfaces cadastrées du point de vue fiscal en les recoupant avec d'autres sources d'information, en particulier les données des différents recensements agricoles. Nous avons ensuite opéré un examen critique des revenus cadastraux, en particulier dans leur évolution dans le temps et leurs rapports avec les revenus agricoles. Enfin, nous nous sommes interrogé sur le poids des cotisations de taxe foncière supportées par les exploitations agricoles.

I. Où sont passées les terres fiscales ?

Toute gestion, et en particulier celle de l'environnement, nécessite le recours à des données fiables. Qu'en est-il du point de vue fiscal ? La réponse est à notre avis tout à fait évidente, les informations fiscales relatives aux surfaces agricoles soumises à la taxe sur le foncier non bâti sont d'une qualité plutôt douteuse. L'analyse de terrain confirme qu'il existe des différences parfois considérables entre les surfaces fiscales cadastrées et les données issues des recensements agricoles. Elle met surtout en relief l'absence quasi-totale de prise en compte au niveau fiscal de l'évolution des pratiques culturales.

Fichiers fiscaux et statistiques rurales : des écarts curieux.

Lorsque l'on compare les surfaces agricoles telles qu'elles sont dénombrées dans les différents recensements de l'agriculture et les surfaces taxées par l'administration fiscale, force est de constater l'existence d'écarts sérieux entre les deux sources d'informations. A cet effet, nous avons procédé à la confrontation entre les données R.G.A. en hectares, pour les terres arables et pour les surfaces en herbe des années 1988 et 1980 par rapport aux données cadastrales telles qu'elles figurent dans les états fiscaux pour le groupe des terres et le groupe des prés.

Les résultats de cette analyse ne doivent cependant être retenus qu'au travers des tendances globales qui se dégagent de la comparaison des deux sources de données, en raison de leur nature différente. La S.A.U. résultant des R.G.A. ne correspond pas en effet à l'affectation agricole des terres de chaque commune mais à la surface exploitée par les exploitations agricoles de chaque commune ; ces surfaces peuvent bien évidemment se situer sur d'autres communes ; au total cependant, sur l'ensemble de l'échantillon, les deux sources devraient à peu près se recouper, ce qui est loin d'être le cas en pratique.

Pour les terres, les données fiscales semblent relativement satisfaisantes.

TABLEAU 4 : TABLEAU DES ECARTS ENTRE SURFACES RECENSEES R.G.A. ET SURFACES CADASTREES

		TERRES		PRÉS	
		1988	1980	1988	1980
BALDENHEIM	1. RGA ha	785	801	132	98
	2. Cad. ha	609	606	145	145
	1/2 en %	128,9	132,1	91	67,5
BOOFZHEIM	1. RGA ha	603	570	199	315
	2. Cad. ha	512	516	408	407
	1/2 en %	117,7	110,4	48,7	77,4
EBERMUNSTER	1. RGA ha	107	68	33	79
	2. Cad. ha	87	89	428	429
	1/2 en %	123	76,4	7,7	18,4
HILSENHEIM	1. RGA ha	1 030	813	155	302
	2. Cad. ha	990	814	363	535
	1/2 en %	104	99,8	42,7	56,4
MUTTERSHOLTZ	1. RGA ha	422	376	186	252
	2. Cad. ha	507	506	498	500
	1/2 en %	83,2	74,3	37,3	50,4
TOTAL DU GROUPE DES COMMUNES DE L'ETUDE	1. RGA ha	15 275	14 271	3 799	5 510
	2. Cad. ha	12 940	12 766	8 486	9 159
	1/2 en %	118	112,7	45	60,2

Sources : RGA 1988 et 1980 (surface des terres arables et surface en herbages). Etats fiscaux 6035NM (groupe des terres et des prés.

En 1988 par exemple, pour le total des communes faisant l'objet de l'étude, la surface cadastrée du groupe des terres était de 12.940 hectares alors qu'il ressortait des données R.G.A. que cette surface était de 15.275 hectares. En d'autres termes, il y avait sur le terrain (ou du moins dans les fichiers agricoles) 18 % de terres en plus que dans les fichiers de l'administration fiscale. En 1980 pourtant, l'écart n'était que de 12,7 % (il est vrai qu'entre temps nous avions eu droit à une crue centennale).

Ces données globales cachent de fortes disparités par commune ainsi que le révèle le tableau 4. Par exemple pour la commune d'Ebermunster, il y avait par rapport aux fichiers fiscaux 23 % de plus de terres dans les fichiers R.G.A. alors qu'en 1980 il y avait moins de terres R.G.A. que de terres au sens fiscal. C'est dire le degré d'incertitude qui caractérise la comparaison. Les écarts repérés sont peut-être tout simplement liés à l'évolution économique des exploitations, en particulier leur concentration et par conséquent à une augmentation de la part des terres situées sur le ban d'une commune autre que celle de leur siège.

Concernant les surfaces en herbe, les écarts sont cette fois-ci beaucoup plus considérables et mettent complètement en doute la fiabilité des informations fiscales. Au niveau global par exemple, la surface en herbe R.G.A. était de 3.799 hectares alors que les fichiers fiscaux recensaient encore 8.486 hectares de prés. Ici la surface en herbe réelle représentait environ 45 % de la surface en herbe fiscale. En 1980, les données du recensement général de l'agriculture indiquaient une surface en herbe de 5.510 hectares alors que les fichiers de l'administration fiscale dénombraient une surface de 9.159 hectares. Au total, là encore, les prés "au réel" ne représentaient que 60,2 % des prés "à la mode fiscale".

Les aberrations locales sont ici bien entendu encore plus nettes qu'en ce qui concerne les terres arables. Dans la commune de Boofzheim par exemple, en 1988, on dénombrait une surface S.A.U. en prés de 199 hectares alors que l'administration fiscale dénombrait toujours une surface de 408 hectares. En 1980, ces chiffres s'élevaient respectivement à 315 hectares données R.G.A. et 407 hectares données fiscales. L'écart entre la réalité de terrain et la réalité fiscale s'est donc encore accentué entre ces deux années. En 1980, pour cette commune, la surface en prés données R.G.A.

était égale à 77,4 % de la surface en prés fiscale alors qu'en 1988, les données agricoles représentaient 48,7 % des surfaces fiscales.

Une première tendance se dégage donc d'ores et déjà. On peut en effet constater de façon assez générale une différence croissante entre les données de terrain, telles qu'elles ressortent des informations R.G.A., et les données fiscales. Il existait dès 1980 un écart souvent important entre les deux catégories d'informations. Et celui-ci a augmenté depuis lors. Ce phénomène est d'autant plus curieux que les surfaces en herbe sont aussi celles pour lesquelles il y a eu apparemment le plus de bouleversements dans leur exploitation pour la zone de notre étude. Cette tendance met en exergue le vieillissement très rapide des informations fiscales auxquelles une mise à jour permettrait peut-être de remédier. Par exemple dans la commune d'Hilsenheim, en 1980, il y avait une correspondance quasiment parfaite entre les informations agricoles et les informations fiscales. En 1988, la corrélation était également tout à fait intéressante. Encore faut-il observer que dans les documents fiscaux, on enregistre une augmentation importante de la surface cadastrée en terres en 1988 par rapport aux informations de même nature disponibles en 1986 (plus 22,8 %). Concernant les prés, toujours pour la même commune, la fiabilité des informations fiscales là encore est beaucoup plus hypothétique qu'en ce qui concerne les terres. Mais en 1988, l'écart aurait certainement été beaucoup plus important que ce qu'il est s'il n'y avait eu apparemment une mise à jour des informations fiscales. Entre 1986 et 1988 en effet, les terres cadastrées en surface de prés diminuent de l'ordre de 27 %.

Que produisent les terres fiscales ?

L'écart entre les superficies fiscales et les superficies R.G.A. s'explique pour l'essentiel non seulement par la différence de nature des deux types d'informations en cause mais encore par les difficultés que présente la maintenance des bases d'imposition. Ces dernières se singularisent par une absence quasi-totale de prise en compte de l'évolution des pratiques culturales. La qualité très médiocre des données fiscales se constate déjà lors de leur confrontation aux statistiques agricoles, encore plus lorsqu'on les frotte aux réalités de terrain comme le démontrera l'exemple de Muttersholtz.

L'analyse globale.

Lorsque l'on se penche sur les surfaces des groupes de natures de culture cadastrées, on est frappé par la constance dans le temps des informations fiscales qui semblent presque immuables. Par exemple, pour le groupe des terres labourables, on passe d'un total cadastré en 1978 de 12.647 hectares pour le groupe de communes de l'étude à un total en 1988 de 12.940 hectares, soit une toute petite progression de 2,3 %. Concernant la catégorie des prés, la situation est légèrement différente. En 1978, le total des surfaces en herbe cadastrées s'élevait à 9.735 hectares et l'on passe en 1988 à un total de 8.486 hectares. Ici nous enregistrons une diminution de l'ordre de 12,8 % de la surface en prés.

Pour les vergers et pour la même période, l'on saute d'un total de 454 hectares en 1978 à un total de 374 hectares en 1988. La surface en vergers diminue ainsi de l'ordre de 17,7 %. L'on peut y voir les effets des divers remembrements qui ont eu lieu dans certaines communes de la zone étudiée et du développement de l'urbanisation aux alentours des villages dont ont été victimes, pour l'essentiel, les vergers traditionnels qui, dans le Ried, se localisent souvent autour des agglomérations.

Pour les bois, c'est une stabilité que l'on enregistre avec une toute petite diminution de 0,65 % entre 1978 et 1988. Or l'on sait, que dans la réalité de terrain, il semblerait que la surface en bois ait diminué beaucoup plus que ce que n'indiquent les statistiques fiscales. Enfin l'évolution de la surface en landes est tout à fait atypique. Entre 1978 et 1988, ces surfaces progressent de l'ordre de 52 %. Mais de 1978 à 1980, la surface des landes passe de 111 à 203 hectares, soit plus 82 %. Depuis lors, les landes semblent en diminution régulière. En 1984, comparées à 1978, les surfaces ne progressent que de 72 %. En 1986, ce taux passe à 64 %. Le phénomène n'est peut-être pas sans liaison avec la réévaluation des bases d'imposition qui a eu lieu en 1978/1980 et semble donc a priori relever d'une classique fuite devant l'impôt. Très probablement, en 1980 une partie des prés, certainement la moins rentable, a été classée en nature de landes, sous la pression des agriculteurs ?, surfaces qui par la suite ont certainement été petit à petit (re?)mises en culture ou urbanisées.

Il n'empêche. Comparées à l'évolution de l'agriculture riedienne, telle qu'elle ressort des données R.G.A. 1980/1988, les données fiscales paraissent bien chimériques. Pour mémoire, rappelons simplement que la surface R.G.A. des terres arables entre 1980 et 1988 a progressé de plus de 7 %. La surface des herbages a quant à elle diminué pour la même période de 31 %. La comparaison de ces taux, tels qu'il résultent des recensements agricoles, aux chiffres qui ressortent des fichiers fiscaux, oblige sincèrement à s'interroger sur la qualité de ces derniers et sur la possibilité effective d'intégrer la taxe foncière dans une politique de gestion de l'environnement comme d'aucuns le préconisent.

Cependant, il serait faux d'affirmer que la déconnexion des fichiers fiscaux par rapport au champ réel est totale. L'évolution des pratiques culturales n'est pas sans incidence fiscale car globalement les fichiers fiscaux évoluent dans le même sens que les statistiques rurales, mais ce mouvement semble se heurter à une force d'inertie tout à fait colossale. Les fichiers de l'administration nous proposent en fait une vision très lointaine et très déformée, comme par un prisme, des réalités locales. Cela ressort encore plus nettement lorsque l'on procède à une analyse de terrain, parcelle par parcelle, lorsque l'on compare cette fois l'affectation réelle de chaque parcelle et sa classification fiscale.

Le cas de la commune de Muttersholtz.

Pour vérifier cette première série de constatations, il était intéressant de confronter les données fiscales à ce qui se pratiquait effectivement dans les champs et sous les bosquets. A cet effet, nous avons choisi d'analyser le cas de la commune de Muttersholtz sur laquelle les chercheurs du programme P.I.R.E.N. EAU Alsace portait leur attention depuis quelques années déjà. Les travaux se sont déroulés au cours de l'année universitaire 1988/1989. La plupart des observations ont eu lieu durant les mois de février et mars, époque à laquelle les agriculteurs commencent à préparer les terres cultivables. Elles ont été réalisées par une équipe d'étudiants de maîtrise de l'U.F.R. de Sciences Sociales (Université des Sciences Humaines de Strasbourg) sous la direction de R. FROEHLICHER, dans le cadre de travaux portant sur la zone inondable du Ried Centre Alsace.

Neuf sections cadastrales se trouvant hors protection des digues furent analysées parcelle par parcelle (Cf. le plan de situation de la commune). L'ensemble des sections observées se trouve dans le champ d'inondation de l'Ill. Cette zone devrait normalement être exploitée en nature de prés et d'ailleurs le relevé cadastral indiquait que toutes ces sections étaient en nature de prairies.

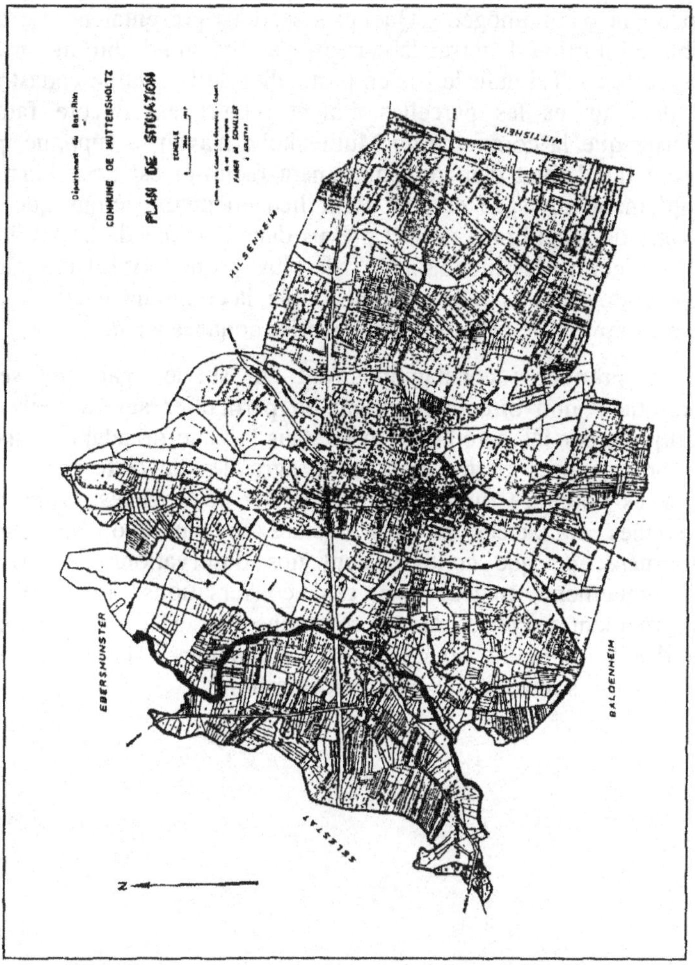

Carte 5 : Plan de situation de la commune de Muttersholtz
Source : Commune de Muttersholtz.

C'était en fait loin d'être le cas ! Nous avons en effet constaté que toutes les sections cadastrales présentaient des parcelles labourées. Globalement, lorsque l'on examine la carte de la zone inondable, on s'aperçoit qu'environ un quart de la surface totale cadastrée en nature de prairies est aujourd'hui retournée par les agriculteurs. La distribution des parcelles en cause n'était cependant pas homogène. Quelques sections présentaient une très faible proportion de terres labourées, d'autres un nombre important (Cf. carte 6). Tel était le cas en particulier de la section cadastrale 38 dont toutes les parcelles étaient retournées. Encore faut-il préciser que la commune de Muttersholtz n'avait, à l'époque, pas encore fait l'objet d'un remembrement (celui-ci est pour l'instant simplement envisagé et doit avoir lieu en même temps que les travaux de recalibrage de l'Ill prévus dans le cadre de la politique de lutte contre les inondations) ; de plus, propriétaire d'une partie importante des prés de la zone inondable, la commune avait interdit à ses locataires de retourner les parcelles données à bail.

Ces premières constatations ont été suivies par une série d'entretiens non directifs, portant en particulier sur les cultures pratiquées sur les parcelles situées dans la zone inondable, auprès des propriétaires et des exploitants agricoles de cette zone. Les réponses obtenues furent très diverses et hétérogènes. L'une des personnes contactées a ainsi déclaré ne pas avoir de terres retournées, ce que contredisaient nos observations de terrain. L'enseignement majeur de ces conversations fut que le retournement des terres dans la commune était effectué en majorité par des agriculteurs venant d'autres communes ! (les autres, pas nous, ce qui somme toute est un vieux refrain).

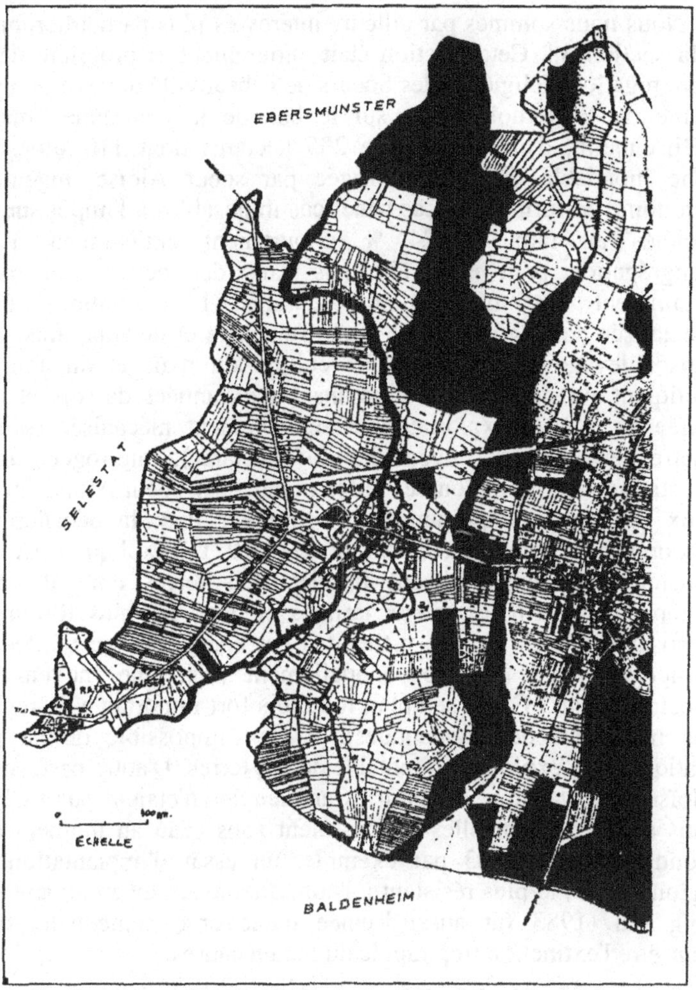

Carte 6 : Zone inondable de Muttersholtz. Parcelles cadastrées en prés et ayant fait l'objet d'un retournement.
Source : SCHMITT (T.), Cartographie fiscale de l'environnement : l'exemple du Grand Ried Centre Alsace, op. cité, p. 120.

Nous nous sommes par ailleurs intéressés plus particulièrement à la section 38. Cette section était entièrement la propriété de la Congrégation Religieuse des Soeurs de Ribeauvillé qui exploitait la ferme du Willerhof, située sur le ban de la commune voisine d'Hilsenheim, d'une surface de 205 hectares dont 110 situés en zone inondable. Elle était dirigée par soeur Aloïse, ingénieur agronome de formation. Les bénéfices imposables à l'impôt sur les sociétés au taux de 24 % retournaient entièrement à la Congrégation pour être réinvestis dans des oeuvres diverses, notamment des maisons pour enfants. L'exploitation s'était spécialisée dans la culture de maïs d'ensilage et de soja, ainsi que dans l'élevage de taurillons. La culture du maïs et du soja se pratiquait sur un cycle de trois ans : deux années de soja et une année de maïs. L'exploitation était hautement mécanisée (seules quatre personnes s'occupent des 205 hectares). Interrogée sur la question de l'exploitation des terres inondables, soeur Aloïse faisait deux remarques importantes : en premier lieu, la décision de labourer la moitié de ces terres, prise en 1971, s'expliquait par des considérations apparemment fiscales. Les terres dont il s'agit étaient semble-t-il les mieux tarifées et donc les plus fortement imposables. Soeur Aloïse estimait à cet égard qu'avec 95.000 F. d'impôts locaux à régler annuellement (soit une moyenne à l'hectare de 463 F. qui semblait toutefois fort importante au regard des moyennes départementales), il était impossible de ne pas pratiquer une exploitation rentable de ces terres. D'autre part, soeur Aloïse observait que les prairies artificielles n'étaient pas viables dans cette zone car elles pourrissaient sous l'eau au moment des inondations. En 1983 par exemple, un essai d'implantation de gazon italien, le plus résistant à l'humidité, avait apparemment fait long feu (1983 fut aussi l'année d'une crue centennale, d'où peut-être l'extinction trop rapide du feu en cause).

La question de l'exploitation des terres inondables semblait donc relever avant tout de considérations strictement économiques. La Communauté paraissait cependant disposée à céder ces terres contre une indemnisation qui serait consacrée à l'acquisition d'autres terrains. Son offre n'avait à l'époque pas trouvé de réponse sur le marché.

En fin de compte, les constatations de terrain confirmaient tout à fait les tendances qui se dégageaient de la comparaison des informations statistiques et des informations fiscales. Il y a apparemment un décalage de l'ordre de 20 à 30% entre les terres enregistrées en nature de prairies dans les fichiers de l'administration fiscale et la surface des terres effectivement en prairies sur le terrain. Et l'exemple de la commune de Muttersholtz était à cet égard tout à fait significatif.

Ces premières constatations permettent de poser diverses conclusions. Incontestablement, elles confirment au cas particulier les difficultés que présente la mise à jour de l'assiette de la taxe sur le foncier non bâti et par voie de conséquence, le vieillissement très rapide des bases d'imposition.

Le taux moyen d'erreur relevé dans l'échantillon de communes analysé confirme le taux moyen de 15 % environ relevé par le Conseil des Impôts dans son rapport sur l'imposition du capital (169). Ce taux moyen s'accompagne d'une forte dispersion. A cela, deux explications peuvent être fournies. Tout d'abord, le contribuable ignore tout simplement assez souvent (ou prétend ignorer) l'obligation de déclaration des changements de nature de culture posée par l'article 1406 I du Code Général des Impôts. Et parfois d'ailleurs, le propriétaire ne connaît pas les modifications apportées par l'exploitant à sa propriété. Comment dans ce cas-là pourrait-il se conformer à la loi ? La deuxième explication est plus subtile. Il apparaît en effet que dans nombre de cas, la commission communale des impôts, celle qui est chargée en principe de la maintenance des bases d'imposition, ne remplit pas sa mission et cela en particulier dans les petites communes rurales dominées encore par les agriculteurs. L'exemple, a contrario, de la commune d'Hilsenheim confirmera si besoin en est la pertinence de cette affirmation. Au même titre, l'interdiction de retournement édictée par la commune de Muttersholtz se comprend mieux lorsqu'on sait que les agriculteurs ne sont pas majoritaires au conseil municipal.

---

169. CONSEIL DES IMPOTS, *Huitième rapport au Président de la République relatif à l'imposition du capital*, op. cité, p. 154.

II. Quelle est la valeur fiscale des terres du Grand Ried ?

Notre analyse portait à la fois sur la valeur globale et sur la valeur à l'hectare des revenus cadastraux par groupe de natures de culture et sur l'évolution de ces éléments dans le temps, sur la période 1978/1988. Les sources d'information sont constituées une fois de plus par les états fiscaux 6035 N.M. pour le groupe des terres, des prés, des vergers, des bois et des landes, les données étant calculées en Francs courants et Francs constants base 1988.

En 1988, la matière imposable était sensiblement plus importante qu'en 1978. Pour le groupe des terres par exemple, la valeur globale pour les communes de l'échantillon était à cette date de 6.457.065 Francs contre 1.060.227 Francs en 1978. La base d'imposition globale a donc été multipliée par six en Francs courants en dix ans. Pour la catégorie des prés, on passe d'une base d'imposition de 611.535 Francs en 1978 à 3.183.316 Francs en 1988, soit en l'espèce une multiplication par cinq. Il en va de même des vergers où la base d'imposition en Francs courants a été multipliée par 4,7 et pour les bois dont la base a été multipliée par 4,5. Enfin, s'agissant des landes, les bases d'imposition ont été multipliées par plus de 8 fois, ce qui constitue en son genre un petit record.

Mais ces premiers chiffres ne doivent pas faire illusion. En réalité, calculées en Francs constants 1988, les bases d'imposition de la taxe sur le foncier non bâti dans le Grand Ried n'ont guère évolué et parfois même régressé. Prenons pour exemple le groupe des terres. Les bases nettes de ces dernières s'élevaient en Francs courants en 1978 à 1.060.227 Francs, soit 2.271.006 en Francs constant 1988. En 1980, après la réévaluation qui eut lieu à ce moment, les bases d'imposition en Francs courants s'élevaient à 3.813.963 Francs qui transformés en Francs 1988 correspondent à une somme de 6.498.992 Francs. En comparaison des bases d'imposition de 1988, on constate une légère diminution de l'ordre de 40.000 Francs entre 1980 et 1988, chiffres calculés en Francs déflatés.

Le tableau 5 qui présente en pourcentage l'évolution du revenu cadastral en Francs courants et en Francs constants est tout à fait parlant.

TABLEAU 5 : EVOLUTION DU REVENU CADASTRAL 1978/1980/1988

EVOLUTION DU REVENU CADASTRAL				
PAR GROUPE (1)		1980/1978	1988/1980	1988/1978
TERRES	F courants	359,6 %	169,0 %	607,7 %
	F constants Base 1988	286,1 %	99,2 %	283,7 %
PRES	F courants	344,6 %	151,0 %	520,4 %
	F constants Base 1988	274,1 %	88,6 %	242,9 %
VERGERS	F courants	351,3 %	134,2 %	471,5 %
	F constants Base 1988	279,4 %	78,8 %	220,1 %
BOIS	F courants	296,9 %	153,4 %	455,3 %
	F constants Base 1988	236,2 %	90,0 %	212,5 %
LANDES	F courants	632,4 %	134,0 %	847,3 %
	F constants Base 1988	503,1 %	78,6 %	395,6 %
TOTAL des groupes visés	F courants	350,5 %	161,0 %	564,4 %
	F constants Base 1988	278,8 %	94,5 %	263,5 %

(1) Rapport base d'imposition/base d'imposition, exprimé en %
Source : Etats fiscaux 6035 NM.

Pour le total de la surface des groupes de natures de culture visés de notre échantillon de communes, entre 1980 et 1978 en Francs courants, le revenu cadastral augmente de 250 %. Entre 1988 et 1980, il progresse de 61 %, de 464,4 % entre 1988 et 1978. En Francs constants cependant, le contraste est moins étonnant. L'évolution 1988/1978 n'est plus que de 163 % et entre 1980 et 1988, on assiste même à une variation négative car les bases d'imposition de 1988 ne représentent que 94,5 % des bases 1980 (soit - 5,5 %).

L'évolution du revenu cadastral à l'hectare pour chaque nature de cultures calculée en Francs courants et en Francs constants, exprimée en pourcentage, confirme entièrement les tendances que révèlent les chiffres globaux (Cf. les trois tableaux 6,7,8).

TABLEAU 6 : REVENU CADASTRAL A L'HECTARE PAR GROUPE DE NATURES DE CULTURE 1978-1988
(F. courants)

	1978	1980	1982	1984	1986	1988
Terres	83,83	301,35	362,58	437,08	496,00	499,00
Prés	62,81	230,12	275,34	317,05	431,43	375,13
Vergers	154,92	546,67	658,08	786,00	890,73	886,83
Bois	16,04	48,40	59,67	72,15	83,19	73,59
Landes	1,90	6,63	7,95	9,40	10,70	10,07

Source : Etats fiscaux 6035 NM.

TABLEAU 7 : REVENU CADASTRAL A L'HECTARE PAR GROUPE DE NATURE DE CULTURE 1978-1988
(F. constants 1988)

	1978	1980	1982	1984	1986	1988
Terres	179,18	512,26	490,19	500,23	524,11	499,00
Prés	134,46	391,79	371,11	363,72	456,91	375,13
Vergers	331,31	928,25	885,94	899,61	941,08	886,83
Bois	34,96	83,60	81,39	83,71	89,04	73,59
Landes	4,07	11,31	10,71	10,76	11,36	10,07

Source : Etats fiscaux 6035 NM.

TABLEAU 8 : EVOLUTION DU REVENU CADASTRAL A L'HECTARE

EVOLUTION DU REVENU CADASTRAL PAR HECTARES				
PAR GROUPE (1)		1980/1978	1988/1980	1988/1978
TERRES	F constants Base 1988	285,9 %	97,1 %	277,6 %
PRES	F constants Base 1988	291,4 %	95,7 %	278,8 %
VERGERS	F constants Base 1988	280,2 %	95,4 %	267,4 %

BOIS	F constants Base 1988	239,1 %	89,4 %	213,8 %
LANDES	F constants Base 1988	277,9 %	94,5 %	262,5 %
TOTAL des groupes visés	F constants Base 1988	278,8 %	94,5 %	263,5 %

(1) Rapport base année N / base année N-x, exprimé en %
Source : Etats fiscaux 6035 NM.

Cette évolution des revenus cadastraux des communes du Grand Ried mérite d'être comparée avec celle des bases d'imposition calculées au niveau national. Ces dernières, évaluées par le Conseil des Impôts (170) montrent aussi un accroissement brutal en 1980 faisant suite à l'actualisation, suivi par une progression globale effectivement très lente sinon nulle.

Les bases d'imposition du Grand Ried n'en présentent pas moins deux particularités. Tout d'abord, on observe que l'accroissement 1980/1978 est légèrement plus brutal dans notre zone d'étude qu'au niveau national. Selon le Conseil des Impôts, entre 1979 et 1980, les bases d'imposition en Francs constants au niveau national ont progressé d'environ 125 %. Or, en F. constants, pour le total des natures de culture que nous analysons, l'augmentation est dans le Grand Ried de l'ordre de 178 %. Ce taux varie d'ailleurs en fonction de la nature de culture en question. Pour les terres, l'accroissement est de 186 %, pour les prés de 191 %, pour les vergers de 180 %, pour les bois de "seulement" 139 %, les landes se situant dans une honnête moyenne (+ 177 %). On peut en conclure assez légitimement que le revenu cadastral des terres du Ried était assez largement sous-évalué avant 1980 et ne devait

170. CONSEIL DES IMPOTS, *Dixième rapport au Président de la République relatif à la fiscalité locale*, op. cité, p. 190.

guère correspondre au niveau réel des fermages et des revenus agricoles.

D'autre part, pour la période 1980/1988, la courbe de l'évolution des bases d'imposition est quasiment plate au niveau national comme dans le Grand Ried. Mais de façon très curieuse, on s'aperçoit ici que le Grand Ried, s'il ne déroge pas aux tendances nationales, viole en fait la tendance générale du département du Bas-Rhin pour lequel le Conseil des Impôts a relevé une forte augmentation des bases d'imposition pendant cette période (plus de 7,5 % en Francs constants) (171).

Par ailleurs, nous avons essayé d'affiner l'analyse de ces données globales en calculant le ratio du revenu cadastral par nature de culture sur le revenu cadastral total (Cf. tableau 9).

TABLEAU 9 : EVOLUTION DU RATIO REVENU CADAS-TRAL PAR GROUPE/REVENU CADASTRAL TOTAL PAR ANNEE (en %)

	Terres	Prés	Vergers	Bois	Landes
1978	57,2	33	3,8	5,8	0,011
1980	58,7	32,4	3,8	5	0,020
1982	59,9	31,3	3,6	5,1	0,020
1984	60,2	31	3,5	5,2	0,019
1986	57,3	34,2	3,2	5	0,017
1988	61,6	30,4	3,1	4,7	0,017

171. CONSEIL DES IMPOTS, *Dixième rapport au Président de la République relatif à la fiscalité locale*, op. cité, p. 192.

On s'aperçoit ainsi que la part des terres dans le revenu cadastral global a augmenté entre 1978 et 1988 de 4,4 %. En revanche, la valeur relative des prés, des vergers et des bois a toujours diminué. Pour les prés cette diminution est de 2,6 %. Elle est moins importante pour les vergers (0,7 %) et pour les bois (1,1). Ce ratio peut être comparé au rapport des surfaces cadastrées par nature de culture sur la surface cadastrée totale (Cf. tableau 10).

TABLEAU 10 : RAPPORT SURFACES CADASTREES PAR GROUPE / SURFACE CADASTREE TOTALE (en %)

	Terres	Prés	Vergers	Bois	Landes
1978	42,57	32,77	1,52	22,75	0,37
1980	43,43	31,43	1,55	22,88	0,69
1982	44,29	30,49	1,46	23,04	0,69
1984	43,83	31,12	1,41	22,97	0,65
1986	44,29	30,41	1,40	23,24	0,63
1988	45,11	29,58	1,30	23,41	0,59

De ce point de vue, en ce qui concerne les terres, on constate une légère progression du rapport des surfaces sur la période étudiée parallèle à celle de la part relative du revenu cadastral dans le revenu cadastral total. Pour les prés, leur surface représente environ un tiers de la surface totale ce qui correspond à peu près au ratio revenu cadastral de cette nature de culture sur revenu global. On peut toutefois observer sur ce point que la surface réelle en prés n'était en fait égale qu'à 45 % de la surface cadastrée dans cette nature de cultures (en 1988). Ce qui signifie par voie de conséquence que 55 % de la surface des prés était en fait exploitée en terres labourables dont le revenu cadastral est généralement plus important que celui des prés. En d'autres termes, il y a ici une évasion fiscale importante. Le revenu cadastral à l'hectare des prés ne représente en effet que les trois-quarts environ du revenu cadastral à l'hectare des terres.

Pour terminer, nous nous sommes posés les mêmes questions mais en nous préoccupant cette fois plus particulièrement de la commune de Muttersholtz. Cette dernière se situe en fait dans une bonne moyenne proche de celle du groupe de communes.

Tout d'abord, concernant l'évolution du revenu cadastral à l'hectare, celui-ci a augmenté plus fortement que dans l'ensemble des communes du groupe. Par exemple, pour les terres, entre 1978 et 1988 (en F. constants 1988), l'augmentation est de 190 % contre une moyenne-groupe de 177 %. Entre 1978 et 1980, la réévaluation va entraîner une hausse brusque de l'ordre de 208 % contre une hausse moyenne de 186. Pour les prés, le phénomène se reproduit. Entre 1978 et 1988, l'augmentation à Muttersholtz est de 188 % contre une moyenne-groupe de 178 % ; entre 1978 et 1980, la hausse est de 207 % contre une moyenne-groupe de 179 %. On observe cependant que le revenu cadastral à l'hectare par nature de cultures de la commune de Muttersholtz pour les terres est toujours moins important (en Francs courants comme en Francs constants) que le revenu moyen des communes de groupe d'étude. En revanche, pour les prés, c'est exactement l'inverse qui se produit (Cf. tableau 11 ; à comparer avec le tableau 7).

TABLEAU 11 : REVENU CADASTRAL A L'HECTARE DANS LA COMMUNE DE MUTTERSHOLTZ

		Terres	Prés	Vergers	Bois	Landes
1978	F. courants	62,88	65,83	147,21	12,54	1,89
	F. constants 1988	134,58	140,50	315,32	26,86	4,04
1980	F. courants	243,23	252,82	568,20	39,50	7,40
	F. constants 1988	414,22	430,55	967,64	67,26	12,60
1982	F. courants	288,86	300,67	674,42	46,93	8,79
	F. constants 1988	389,38	405,30	909,11	63,26	11,84
1984	F. courants	343,11	357,11	801,15	55,92	10,43
	F. constants 1988	393,94	409,60	918,91	64,14	11,96
1986	F. courants	389,94	405,76	910,43	68,20	11,85
	F. constants 1988	412,94	429,69	964,14	72,22	12,54
1988	F. courants	389,77	404,84	909,41	60,83	11,84
	F. constants 1988	389,77	404,84	909,41	60,83	11,84

Par conséquent, le ratio du revenu cadastral à l'hectare des prés sur le revenu cadastral à l'hectare des terres pour la commune de Muttersholtz (calculé en F. constants 1988) est totalement différent du ratio moyen des communes du groupe, comme le révèlent les tableaux 12 et 13).

TABLEAU 12 : EVOLUTION DU RATIO RC/H PRES / RC/H TERRES 1978-1988 (F. constants 1988)

	Ratio RC/H prés / RC/H terres
1978	75,04
1980	76,5
1982	75,7
1984	72,7
1986	87,1
1988	75,3

TABLEAU 13 : EVOLUTION DU RATIO RC/H PRES / RC/H TERRES POUR LA COMMUNE DE MUTTERSHOLTZ
(F. constants 1988)

1978	104,39
1980	103,94
1982	104,08
1984	104,08
1986	104,05
1988	103,86

Ces chiffres reflètent très directement l'ancienne vocation herbagère de la commune. Mais on peut également considérer qu'ils trahissent fiscalement le caractère archaïque des structures foncières de cette commune, qui, au moment de l'enquête, était l'une des rares du Grand Ried à ne pas être encore remembrée, dont le tiers du ban est constituée de terres communales, l'une des rares qui reproduise encore à peu près l'économie agricole traditionnelle du Grand Ried (172). Ils permettent aussi de mieux comprendre la position de Soeur Aloïse dont l'analyse économique est a priori parfaitement rationnelle. En effet, ne vaut-il pas mieux retourner des terres et les cultiver en maïs ou en soja que de continuer à gérer des prairies pour lesquelles le revenu cadastral (et donc l'impôt foncier) est plus important et cela pour un rapport moindre ?

En fin de compte, est-il possible de trouver une ou plusieurs causes à la situation que connaît actuellement le Grand Ried en ce

---

172. V. CLOOTS-HIRSCH (A.R.), FROELICHER (R.), SCHENCK (C.), Pratiques agricoles et milieu naturel : le cas du Ried central de l'Ill, Strasbourg, rapport au Colloque "La nature et le rural", 1986, dactyl. 11 p., et importante bibliographie citée.

qui concerne les revenus cadastraux des surfaces agricoles. Nous pensons que deux séries d'explications peuvent être ici évoquées, à la fois générales et aussi plus locales.

De façon générale tout d'abord, on constate dans le Grand Ried une diminution de la superficie du foncier non bâti. En effet, en l'espace de dix années, la superficie fiscale des cinq groupes de nature de culture que nous étudions a diminué d'environ 4 %. Ce phénomène est peut-être la source d'une légère tension locale sur la demande de terres (nous en doutons ; en tout cas, elle ne se retrouve pas au niveau des fermages) mais signifie aussi une moindre progression des bases de l'impôt du fait de l'évaporation de celles-ci. Le phénomène est cependant marginal. D'autre part et surtout, l'évolution des bases d'imposition a été ralentie par des majorations forfaitaires plus faibles en ce qui concerne la taxe foncière sur les propriétés non bâties que pour la taxe sur les propriétés bâties. Le Conseil des Impôts indiquait à ce propos que le coefficient de majoration a été de 1,66 entre 1980 et 1987 pour le foncier non bâti au lieu de 1,89 pour les propriétés bâties. Cela se ressent nettement. Enfin, la progression importante des bases d'imposition de la taxe sur le foncier non bâti dans le Ried en 1980 traduit la prise de conscience par les services fiscaux et par les communes de l'évolution de l'économie agricole de cette zone naturelle. L'on est passé en vingt ans d'une orientation technique des exploitations traditionnelle d'élevage-polyculture à une économie moderne spécialisée en matière céréalière. Par rapport au reste du département du Bas-Rhin cependant, le fait que depuis une dizaine d'années les revenus cadastraux sont plutôt stagnants constitue peut-être aussi un indice des difficultés économiques auxquelles semblent se heurter les exploitants agricoles de la zone.

III. Que paient les exploitations agricoles du Ried ?

Au cours des trente dernières années, on a assisté à une simplification considérable des systèmes culturaux en place dans cette région naturelle. Cette simplification se caractérise par une augmentation importante de la superficie moyenne des exploitations, par le retournement quasi- systématique des prairies dont il ne subsiste plus en fait que quelques lambeaux et enfin par la culture intensive de céréales, et en particulier de maïs grain ou de maïs fourrage pour lesquels on enregistre aujourd'hui les plus importants rendements du Bas Rhin et de France (en moyenne de l'ordre de la centaine de quintaux à l'hectare). La compréhension de ce phénomène passe sans conteste par l'analyse de l'évolution de l'exploitation agricole riedienne prise en sa qualité d'unité de financement et de production.

C'est en effet au niveau de l'exploitation agricole que se réalise la prise de décisions économiques, c'est à son niveau que se combinera l'ensemble des facteurs de production qui vont permettre à l'exploitant de réaliser un revenu. Aussi, analyser la taxe sur le foncier non bâti dans son seul rapport à la terre est en fait très peu significatif dans la mesure où l'impôt est en réalité un élément du coût d'un facteur de production de l'entreprise agricole, la terre, et qu'il doit être analysé sous cet angle pour comprendre dans quelle mesure ce coût fiscal à une incidence sur les décisions de gestion de l'exploitant.

Pour essayer d'apprécier les effets de la taxe foncière, nous avons utilisé les données statistiques publiées chaque année par le Centre de Gestion Agréé de la Chambre d'Agriculture du Bas Rhin qui, en ce qui concerne la zone du Ried Sud, analyse régulièrement les résultats de gestion d'un échantillon d'environ quarante à cinquante exploitations situées dans la petite région agricole du Ried sud, zone qui correspond à celle de notre étude.

Pour commencer, nous avons calculé le ratio du revenu cadastral à l'hectare sur le revenu agricole à l'hectare (Cf. tableau 14).

TABLEAU 14 : RATIO REVENU CADASTRAL A L'HA / REVENU AGRICOLE A L'HA dans la région du Ried Sud

	1. R.C/ha	2. R.A/ha	3. 1/2 en %
1984	314	2 148	14,6
1986	378	2 145	17,6
1988	360,8	3 286	10,9

Source : Centre de Gestion Agréé. Chambre d'Agriculture. Les données antérieures à 1984 ne sont pas disponibles.

Concernant les années 1984 et 1986, il semblerait que ce ratio soit légèrement supérieur au ratio national tel qu'il résulte du rapport du Conseil des Impôts de 1989 (173). Ces écarts ne sont toutefois pas très significatifs pour deux raisons. Tout d'abord, le Conseil des Impôts relevait lui-même que le taux de dispersion des départements autour du rapport national moyen (qui était en 1982 de 9,74 %) est très fort. Ensuite et surtout, il faut observer que l'échantillon analysé par le Centre de Gestion porte sur des exploitations qui sont en règle générale mieux gérées et plus importantes que la moyenne des exploitations de la zone d'étude. Ceci explique peut-être le taux relevé en 1984 et 1986. La diminution du ratio en 1988 s'explique pour l'essentiel par une augmentation du revenu agricole cette année, augmentation liée à des résultats financiers corrects pour l'ensemble des productions, dûs surtout à une amélioration très nette des rendements des cultures de ventes.

Nous avons ensuite essayé d'analyser les rapports entre la taxe sur le foncier non bâti et le revenu agricole. Les données

173. CONSEIL DES IMPOTS, *Dixième rapport au Président de la République relatif à la fiscalité locale*, op. cité, p. 216.

statistiques du Centre de Gestion nous ont permis de calculer le rapport entre le total des taxes foncières payées par l'ensemble des exploitations de l'échantillon sur la surface agricole utile totale de ces exploitations. Ce rapport est donc calculé sur la base du total des surfaces exploitées en faire valoir direct mais aussi des terres en location (Cf. tableau 15).

TABLEAU 15 : RAPPORT TOTAL T.F.N.B. MOYENNE DE L'ECHANTILLON / S.A.U. TOTALE DANS LA REGION RIED SUD

	1. Nbre d'expl.	2. S.A.U. moyenne p. exploitation (ha)	3. T.F.N.B. p. Ha exploité (en F)	4. T.F.N.B. p. Ha exploité (moyenne B. Rhin (en F)
1984	40	55,63	95	145
1985	40	49,61	120	156
1986	43	47,46	129	163
1987	43	50,91	118	160
1988	46	55,15	106	146

Source : Centre de gestion agréé - Chambre d'Agriculture du Bas-Rhin

Il en résulte deux enseignements. Tout d'abord, le montant des taxes foncières à l'hectare est toujours beaucoup plus faible dans cette zone du Ried sud par rapport à la moyenne des exploitations du Bas-Rhin. D'autre part, on constate entre 1984 et 1988 (les données antérieures à 1984 n'étaient pas disponibles) l'existence d'une évolution en cloche (en elle-même peu significative compte tenu de la maigreur de la série statistique) trouvant son sommet en 1986. L'explication se trouve presque certainement dans l'évolution des revenus cadastraux qui suit à peu près la même courbe.

Le tableau 16 essaie d'évaluer la taxe foncière non bâtie moyenne par exploitation.

TABLEAU 16 : T.F.N.B. MOYENNE PAR EXPLOITATION

	1. S.A.U. moyenne des expl. de l'échantillon	2. T.F.N.B. p. Ha exploité (en F)	3. T.F.N.B. totale
1984	55,63	95	5 284
1986	49,61	120	5 952
1988	55,15	106	5 845

Source : Centre de Gestion Agréé - Chambre d'Agriculture du Bas-Rhin.

Ces données ne sont toutefois pas véritablement significatives de l'impôt réellement payé par exploitation (il s'agit en fait du montant moyen de la cotisation d'impôt calculé pour l'échantillon d'exploitation du Centre de Gestion) mais permettent malgré tout une certaine approche de la situation dans le Ried. Au total, on s'aperçoit qu'entre 1984 et 1988, la taxe moyenne par exploitation moyenne est toujours supérieure à 5.000 Francs et approche même pour 1986 et 1988 les 6.000 Francs à l'hectare. Ces montants sont, il faut l'observer, largement supérieurs à l'impôt par exploitation calculé en moyenne nationale par le Conseil des Impôts qui était en 1985 de 3.400 F. (174).

En dernier lieu, nous avons calculé le ratio taxe sur le foncier non bâti moyenne sur le revenu agricole à l'hectare dans la région du Ried Sud (Cf. tableau 17).

TABLEAU 17 : RATIO T.F.N.B. MOYENNE P. HA EXPLOITE / REVENU AGRICOLE A L'HA DANS LA REGION RIED SUD

	1. T.N.F.B. /ha	2. R.A./ha	3. 1/2 en %
1984	95	2 148	4,42
1985	120	2 633	4,55
1986	129	2 145	6,01
1987	118	2 068	5,70
1988	106	3 286	3,22

Source : Centre de Gestion Agréé - Chambre d'Agriculture du Bas-Rhin.

Comme on le voit, ce ratio varie là encore dans le temps. En 1984, il était de 4,42 %. Il s'élève en 1986 à 6,01 pour redescendre en 1988 à 3,2. Ce ratio semble là encore légèrement supérieur au ratio calculé en moyenne nationale par le Conseil des Impôts qui en 1985 n'était que de 4 %.

Ces diverses constatations permettent de dégager deux séries de conclusions.

---

174. CONSEIL DES IMPOTS, *Dixième rapport au Président de la République relatif à la fiscalité locale*, op. cité, p. 219, tableau 92.

Tout d'abord, cela apparaît comme une évidence, les ratios que nous avons calculés connaissent en général une évolution parallèle à celle des bases d'imposition. Il faut y voir les effets des mécanismes de réévaluation des bases qui ont eu en particulier pour conséquence, à partir de 1987, de diminuer l'assiette de l'impôt. Comme par ailleurs le Bas Rhin a connu en règle générale une grande stabilité des taux d'imposition, ceci explique la correspondance de l'évolution de la cotisation fiscale et des bases elles-mêmes, comme le relevait d'ailleurs le Conseil des Impôts dans son rapport de 1989 (175).

Mais surtout, la stabilité de la cotisation par exploitation résulte d'une cause qui est beaucoup plus locale. En effet, il est d'usage assez courant en Alsace, et en particulier dans le Bas-Rhin, que le propriétaire des terres ne répercute pas la taxe sur le foncier non bâti sur l'exploitant. Or au niveau du département (mais le Ried ne déroge pas à cette tendance), la part des terres en location est passée de 39 % en 1950 à 40,5 % en 1960, 44 % en 1970, 54 % en 1980 et pour 1990 à 56,5 % (sources : D.D.A. du Bas-Rhin). Il est donc tout à fait normal que le poids global de la taxe sur le foncier non bâti par exploitation ait connu une certaine stabilité dans le temps. L'augmentation de la cotisation sur les terres en faire-valoir direct a été compensé (et même plus) par la "gratuité fiscale" des terres en location, dont la part relative dans le total des terres exploitées est elle-même en augmentation rapide (accroissement qui pose par ailleurs le problème des pas de porte, phénomène souterrain s'il en est).

En second lieu, force est de constater l'inélasticité de la taxe sur le foncier non bâti par rapport aux conditions de production agricole. Pendant la période sur laquelle nous avons étudié l'évolution de cet impôt dans la zone du Ried sud, on constate en effet une chute de 37 % du revenu agricole en Francs constants entre 1979 et 1988, baisse qui est principalement liée à l'effondrement du prix de vente de presque toutes les productions. Cette inélasticité est pour l'essentiel la conséquence du caractère indiciaire de l'impôt qui explique l'absence totale de maîtrise de

---

175. CONSEIL DES IMPOTS, *Dixième rapport au Président de la République relatif à la fiscalité locale*, op. cité, p. 192.

l'impôt (et donc de gestion de ce dernier) par les agriculteurs, sauf peut être par le biais de l'augmentation des superficies exploitées en fermage.

Dans la situation actuelle de l'économie agricole, et en particulier du Ried sud, un contexte général de baisse des prix et de stabilité (ascendante) des charges de structure, l'exploitant n'a de choix en fait qu'entre deux solutions. La première consiste à augmenter les rendements à l'hectare. Or, de ce coté, les limites physiques semblent prêtes d'être atteintes. En effet, dans le Ried en 1988, on enregistre en ce qui concerne le maïs grain un rendement de l'ordre de 105 quintaux à l'hectare, qui était d'ores et déjà le plus élevé du Bas-Rhin. De toute façon, les exploitants sont aujourd'hui plus ou moins bloqués par l'application des contingentements communautaires résultant de la réforme de la P.A.C qui conduit à un gel de l'ordre de 15 % des surfaces en nature de maïs.

La deuxième solution est la recherche d'une augmentation des surfaces cultivées qui dans le contexte foncier actuel, n'est possible que par le retournement de ce qui reste encore de prairies (176) ou plus sûrement la course aux terres de production, ce qui signifie l'élimination des exploitations les plus fragiles et donc une exaspération de la concurrence pour l'accès à la terre. Or cette augmentation des surfaces cultivées se fait aujourd'hui déjà pour l'essentiel par le biais des locations de terres, procédé qui, nous l'avons observé plus haut, permet une diminution de la charge fiscale à l'hectare. Par ailleurs, pour les terres acquises en pleine propriété, on sait que les propriétaires s'abstiennent très souvent de déclarer les changements de nature de culture, ce qui, là encore, entraîne le plus souvent une sous-évaluation de l'impôt exigible. Tout cela confirme une tendance observée de longue date par les économistes ruraux qui savent que l'augmentation des surfaces exploitées implique une diminution relative des charges de structure. Il semble donc légitime de penser que la structure même de l'impôt et son inélasticité par rapport aux revenus agricoles

---

176. V. sur ce point le rapport de BRANDT (M.), FROEHLICHER (R.), KAYASSEH (M.), SCHENCK (C.), *Causes et effets des retournements de prairies dans la zone inondable de l'Ill. Approche agronomique et sociologique*, op. cité.

réels, conjugués aux mécanismes de répercussion économique que connaît la zone d'étude, favorisera incontestablement cette solution qui est la cause, du point de vue écologique, de graves atteintes à l'environnement.

Que conclure de tout cela ?

En définitive , quel bilan est-il possible de dresser à partir de cette descente fiscale en zone humide, mais aussi de nos constatations précédentes ? quelle est la place, le rôle, de la variable fiscale, au cas particulier de la taxe sur le foncier non bâti, dans la galaxie des variables économiques ou sociales qui déterminent l'utilisation, la gestion, la protection, en un mot le statut sociétal des biens d'environnement ?

De ce point de vue, force est de constater l'indifférence générale de l'impôt quant aux conditions écologiques d'exploitation des milieux ruraux. En Alsace, mais cette conclusion pourrait être étendue à une très grande partie du territoire français, la taxe foncière n'est certainement pas une variable essentielle déterminant les choix de gestion qui gouvernent l'usage effectif des écosystèmes ruraux par l'homme.

Ce constat n'est cependant pas l'explication du phénomène. Alors pourquoi cette indifférence ?

Un premier motif surgit immédiatement, avec une particulière évidence ; *l'assujetti de l'impôt est le propriétaire des biens fonciers qui ne se confond pas forcément avec l'exploitant de ces biens ! Or l'importance des dommages à l'environnement est déterminé par les utilisations des biens ruraux, usages qui sont le fait des exploitants et non des propriétaires.* L'affirmation de cette vérité première est d'autant plus forte que l'on sait que les propriétaires ne disposent que de possibilités juridiques réduites de répercussion de l'impôt, limités qu'il sont par le droit des baux ruraux mais aussi par les contraintes et habitudes locales.

Cette considération est bien évidemment susceptible d'influer sur la structure foncière de l'exploitation. En cas de prédominance des modes de faire-valoir direct, la taxe sur le foncier non bâti subit une sous-évaluation notoire de ses bases d'imposition, sous-évaluation qui est liée aux règles techniques de calcul de l'assiette de l'impôt. A l'inverse, l'augmentation des surfaces exploitées en fermage entraîne par définition une diminution de la charge fiscale à l'hectare, dont l'importance est fonction des possibilités locales de répercussion de l'impôt par le propriétaire sur son locataire. Il en va de même par définition en cas de réduction des surfaces exploitées liées à l'orientation technique de l'exploitation, c'est le cas manifeste des cultures ou élevages en hors-sol.

Le phénomène est au surplus accentué par les lacunes et insuffisances multiples qui affectent la gestion de l'assiette de la taxe foncière. Rappelons par exemple que la déclaration et le contrôle des changements de nature de culture font l'objet d'une fraude importante ou pour le moins de grandes difficultés de gestion par les services administratifs. Cela aboutit en général à une minoration de l'impôt par rapport à ce qu'il devrait être, et corrélativement à une majoration du revenu net d'exploitation.

Enfin, comment passer sous silence la résignation dont font preuve les contribuables confrontés à cet impôt. Les interviews de terrain confirment qu'en général les agriculteurs sont assez peu sensibles à l'aspect fiscal de la gestion de l'espace rural alors que le champ fiscal constitue depuis toujours un domaine privilégié d'action et de revendication du monde paysan. A cela, trois explications peuvent être apportées.

La première relève d'un phénomène classique d'acceptation de l'impôt qui ne sera remis en cause ou aménagé qu'en cas de forte tension économique (c'est le sens que l'on peut donner aux travaux actuels de réajustement des bases d'imposition, et à plus long terme de réforme radicale de la taxe foncière.). La taxe sur le foncier non bâti est en effet une des plus anciennes impositions de notre système fiscal ; n'est-elle pas connue, sinon appréciée, depuis près de deux siècles par le monde agricole ?

La seconde est que si l'impôt est vieux, ses mécanismes sont aussi très largement incompréhensibles pour l'honnête homme de cette fin de vingtième siècle. Et dès lors, comment gérer un impôt si l'on ne domine absolument pas les mécanismes juridiques (eux-mêmes plus ou moins obsolètes) sur lesquels celui-ci repose. L'impôt constituera alors en quelque sorte une variable objective parmi les charges de structure dont on amortira éventuellement le coût soit en le répercutant sur un tiers lorsque cela est possible (c'est difficile compte tenu de la structure des marchés agricoles), soit, par voie incidente, en modifiant les structures de production ; à ce titre, la taxe sur le foncier non bâti peut être considérée comme une sorte de rente qui pèse sur la terre, que l'agriculteur ne maîtrise que fort peu ou même pas du tout.

Enfin et surtout, l'attitude du contribuable variera aussi en fonction de l'effet de masse de l'impôt, de son poids financier pour le contribuable. Or cet effet de masse est souvent nul ou quasi nul, en Alsace mais ailleurs aussi, en raison du faible montant de l'impôt en valeur absolue. Que signifie en effet une cotisation d'à peu près cinquante ou cent Francs payés pour quelques arpents de terre même si cette somme représente la moitié ou les deux tiers du revenu foncier annuel ? La médiocrité de l'impôt par parcelle, son insignifiance financière pour son propriétaire, qui résultent de l'atomisation des propriétés rurales, vont certainement favoriser sa prise en charge définitive par le propriétaire-bailleur. Cela aussi permettra une minoration du coût fiscal de l'exploitation en fermage.

Ces constatations permettent au passage de mettre un sérieux bémol aux diverses propositions de réforme de la taxe foncière dans un sens plus favorable à l'environnement (177). Ces essais d'"écolo-fiscal-fiction" ont tous attiré l'attention sur les effets de la taxe foncière en insistant, après bien d'autres, sur l'urgence d'une réforme de cet impôt. Cependant, nul ne s'est vraiment penché sur ses modalités de fonctionnement, sur ses entrailles internes, ou encore sur les problèmes financiers qu'une telle réforme serait susceptible de provoquer pour les collectivités publiques qui en sont les attributaires. Cela paraît pour le moins regrettable. Que penser alors des suggestions allant dans le sens d'une fiscalité plus verte ? Quel pourrait être par exemple l'impact d'une exonération de taxe appliquée aux zones humides ou aux espaces protégés ou

177. Sur ce point, v. en particulier : le rapport BARNIER, le Plan National pour l'Environnement ou le rapport SAINTENY, op. cités. V. également LLOYD A., *Rapport d'enquête. Fiscalité et environnement. Evaluation des mesures fiscales du plan national pour l'environnement*, Paris, Inspection Générale des Finances, dactyl., mai 1991.

d'un abattement d'assiette accordé en récompense d'un comportement écologique sans que l'on prenne la précaution d'en faire bénéficier les exploitants des parcelles en cause (ce qui implique des difficultés pratiques de toutes sortes puisqu'en droit, le Trésor Public ne connaît que le redevable légal de l'impôt, c'est-à-dire le propriétaire), et qu'au surplus, le poids effectif de l'impôt rend souvent tout à fait illusoire le caractère incitatif de telles mesures !

Ainsi, comme nous le supposions au départ, l'impôt a probablement un certain effet d'accompagnement, difficile sinon impossible à quantifier, sur l'évolution des structures foncières et sur l'usage des sols. Cet effet ne peut cependant être apprécié hors du cadre plus général de la politique agricole développée depuis plus de trente ans par nos gouvernants, politique agricole qui est avant tout une politique des prix et des structures foncières.

L'indifférence de la taxe sur le foncier non bâti aux conditions d'exploitation réelles apparaît ainsi d'une nature structurelle, une indifférence liée à la définition de l'assiette de l'impôt, la rente foncière, c'est-à-dire le prix de la productivité naturelle de la terre, qui est en même temps une valeur locative approchée.

Or la rente foncière n'est plus du tout la rente différentielle telle que la concevait K. MARX ou D. RICARDO et telle qu'elle était plus ou moins vaguement appréhendée par le législateur fiscal du XIXème siècle. Ce n'est plus une rente provenant des différences de fertilité des sols, de la localisation des parcelles et de leur rendement naturel, une rente qui serait donc indépendante de l'effort productif. Ce n'est plus aussi une rente provenant des différences de productivité des capitaux investis car ici la rente se confond en fait avec le profit et l'intérêt qui sont encaissés par l'exploitant.

La rente se révèle aujourd'hui plutôt comme un véritable péage lié au droit d'usage du sol et aux quotas de production ; c'est en fait beaucoup plus une rente de monopole qui correspond à la rente absolue telle qu'elle fut définie par K. MARX, une rente dont les pas de porte constituent peut-être la meilleure illustration. Cette évolution est la conséquence directe des conflits entre le droit de propriété et le droit d'usage du sol dont le statut du fermage constitue le point d'équilibre actuel, plutôt bancal, en France, un statut qui permet à l'exploitation d'affirmer son autonomie par rapport à la propriété de la terre. En d'autres termes, l'on se trouve en présence d'une inadaptation théorique complète de la définition de l'assiette de la taxe sur le foncier non bâti par rapport aux conditions actuelles de l'économie agricole.

Ces conditions, marquées par la baisse tendancielle des prix agricoles et l'augmentation corrélative des prix de revient et en particulier de l'endettement, obligent l'exploitant à accroître au maximum la productivité de son travail, situation économique qui est loin d'être innocente. En effet, si l'objectif essentiel de l'agriculture est de fournir des denrées au meilleur prix, "il est clair qu'il faut maintenir un système de concurrence qui oblige le paysan à acheter ou louer la terre le plus cher possible en sorte d'épuiser tous les avantages de la fertilité de sa terre... Seul un système qui draine la rente foncière hors de l'agriculture, dans la mesure où l'économie reste une économie de marché, paraît à même de maintenir une situation de concurrence telle que les gains maxima de productivité soient atteints" (178).

Dans un tel contexte, le prélèvement fiscal, au même titre du reste que les pas de porte, les loyers fonciers versés au propriétaire (ou d'une autre manière les restrictions portés aux productions agricoles), en augmentant les charges d'exploitation, généralement d'une manière inversement proportionnelle à la valeur ajoutée (D. BARTHELEMY l'a parfaitement démontré), ne fait qu'exacerber ce phénomène et permet au plan théorique et pratique une accélération de l'intensification du facteur travail. L'impôt foncier constitue dès lors une sorte de rente foncière exogène versée aux personnes publiques, dont par ailleurs les besoins financiers augmentent constamment. En même temps, la tendance contemporaine à l'endogénéisation de la rente différentielle pallie la diminution du taux de profit par suite de la baisse des prix, de l'augmentation des charges de structure et de l'endettement lié au surinvestissement qui caractérise l'économie agricole des trente années glorieuses.

---

178. BARTHELEMY (D.), BOINON (J.P.), Lutte de classe et rente foncière, cité in GUIGOU (J.L.), *La rente foncière*, Paris, Economica, 1982, 954 p., p. 272 et s..

Et dès lors, nos réflexions ne nous ramènent-elles pas à des problématiques déjà anciennes du monde rural, celle de l'accès à la terre, celle de la séparation de l'exploitation et de la propriété, celle du caractère patrimonial ou marchand de la gestion des biens fonciers dont on sait à quel point elle est déterminante pour la sauvegarde de notre environnement, une problématique qui est en fin de compte celle de l'intégration croissante de l'agriculture dans une économie de marché capitaliste. La réponse à notre questionnement de départ se trouverait-elle ainsi cachée dans la longue durée de notre espace rural, dans une histoire sociale qui se prolonge jusque de nos jours ?

TROISIEME PARTIE

A LA RECHERCHE D'UNE EXPLICATION

QUELS RAPPORTS SOCIAUX ENTRE MONDE FISCAL ET RURAL ?

Il existe d'incontestables relations entre la taxe sur le foncier non bâti, l'organisation technique des exploitations et la structure foncière de ces dernières. L'impôt se dévoile ainsi comme le produit (au sens mathématique du terme) de la combinaison au sein de l'exploitation des facteurs de production, et en particulier de l'intensification du facteur travail. Les modifications dans l'agencement des facteurs de production ont alors une incidence directe sur les charges fiscales de l'exploitation, au profit de celles privilégiant de fortes quantités de capital non foncier. Cela n'est guère surprenant pour qui s'intéresse à l'économie agricole de la France, cela l'est certainement beaucoup plus pour le juriste habitué à ne voir dans cet impôt qu'une vieille relique de l'époque révolutionnaire, sans autre intérêt qu'historique. Autrement et rapidement dit, du point de vue de la sauvegarde de notre environnement, la taxe foncière contribue à la destruction de ce dernier en participant directement au développement d'une agriculture d'entreprise fortement intégrée dans les jeux du marché.

Cette constatation est peut-être une explication des phénomènes pervers actuels que l'on peut relever çà et là. Elle n'éclaire pas pour autant l'origine de cette liaison privilégiée mais discrète entre la taxe foncière et l'agriculture contemporaine. En effet, comment et surtout pourquoi un impôt à caractère très fortement indiciaire, datant qui plus est du XVIIIème siècle, est-il en mesure de pousser à la roue du tracteur ou de la moissonneuse de notre fin de siècle, ou encore de prendre part au développement du hors-sol en Bretagne ou à la destruction des prairies séculaires du Ried alsacien ?

Les arcanes des comptes de résultat de nos exploitations contemporaines ne livreront pas un tel secret. En revanche, l'explication peut être recherchée dans l'environnement social et économique dans lequel la taxe foncière est apparue et a vécu. Une bonne connaissance des impôts, et de façon plus générale de la finance d'Etat, implique en effet toujours que soit précisé leur environnement. Comme l'écrivait G. ARDANT, les caractères et les imperfections de l'impôt peuvent être l'effet de maladresses techniques mais "peuvent aussi, la France nous en donne l'exemple depuis longtemps, être l'expression de la structure de l'économie sinon de la société" (179). L. FEBVRE ne pensait pas autre chose en décrivant l'extraction par l'imposteur, (mot du moyen-âge désignant l'homme chargé d'appliquer l'impôt, il y a parfois de frappantes origines étymologiques !), de la pécune hors de nos poches marsupiales.

A quels rapports de production, sociaux, économiques, culturels correspond la taxe foncière ? Dans quels puissants et profonds courants de notre société ces relations s'insèrent-elles ? Quels sont les points d'ancrage de la taxe foncière, dans quelle mesure est-elle fille de notre système économique et d'une certaine forme d'organisation de nos campagnes, que signifient les points de contacts apparemment si formels entre l'impôt foncier et le champ du rural ? Il nous faut ainsi remonter dans le temps pour reconstituer la genèse de l'impôt. Et puisque l'impôt relève du domaine du droit et donc des outils idéaux, cette genèse se trouve peut-être d'abord dans les théories financières du siècle qui a vu sa

---

179. ARDANT (G.), *Théorie sociologique de l'impôt*, op. cité, p. 7.

naissance (180). A leur lumière, on distinguera peut-être les permanences, les combinaisons du temps court et de la longue durée braudelienne qui ont contribué à former notre présent (181) et ses contradictions. Car à cet égard, la taxe foncière est doublement porteuse de sens. D'une part, et cela apparaît presque comme une évidence, elle est en liaison directe avec la montée du capitalisme foncier du siècle des Lumières (et du XIXème siècle aussi). D'autre part, mais cela est plus caché, elle est la projection d'une image aujourd'hui ancienne et en même temps pourtant toujours actuelle de l'espace rural français, celle d'une réalité historique encore et toujours présente.

---

180. GROSCLAUDE (J.), HERTZOG (R.), Le mythe de l'impôt foncier, *Revue Française de Finances Publiques*, 1990, n° 29, p. 29.

181. BURGUIERE (A.), Histoire d'une histoire : la naissance des Annales, *Revue des Annales d'Histoire Economique et Sociale*, 1979, p. 1347.

CHAPITRE I

TAXE FONCIERE ET UTOPIES FISCALES DU XVIIIe SIECLE

La monarchie française est morte de n'avoir pas su (ou pu) transformer son Trésor. Et pourtant les propositions de réforme ne lui ont guère fait défaut (non seulement en France d'ailleurs, l'Angleterre, l'Espagne, l'Italie ne manquèrent pas non plus d'inventeurs fiscaux). En 1707, BOISGUILBERT publie sa Dissertation sur la Richesse des Nations et son Traité des Grains. Cette même année, VAUBAN fait imprimer sa célébrissime Dîme Royale. De 1711 datent les Instructions de FENELON pour le Duc de Bourgogne. Les Encyclopédistes, CONDILLAC, DIDEROT, DUPONT DE NEMOURS, FORBONNAIS, LE TROSNE, le marquis de MIRABEAU, QUESNAY, TURGOT, VOLTAIRE, d'autres encore abondent dans le même sens, tout en défendant des idées différentes et pourtant bien souvent proches les unes des autres. L'ensemble de l'abondante et parfois si caustique et même subversive (pour le pouvoir en place) réflexion philosophique et politique de l'époque sur l'Etat place au centre de ses préoccupations la réforme fiscale et financière. Déterminée par le spectacle simultané de la détresse financière du Royaume, de la dépréciation des terres, de la misère paysanne et des tribulations de l'approvisionnement frumentaire, ces fameuses crises des subsistances, cette réflexion donnera naissance à l'économie politique, la science de la formation et de la répartition des richesses.

Elle allait aussi, bien évidemment, fortement influencer l'oeuvre fiscale de la Constituante. Et s'agissant en particulier de la contribution foncière sur les propriétés non bâties, il est indéniable que cet impôt présente des rapports étroits avec les écrits de l'école physiocratique dont les propositions furent au coeur des polémiques politiques et économiques d'une bonne partie du siècle des lumières.

Or ce qui distinguait justement QUESNAY et ses disciples des autres médicastres des finances royales, ce qui explique le succès de cette première véritable école économique, c'était d'abord l'ampleur de leurs vues. Les physiocrates furent les seuls parmi d'innombrables réformateurs à proposer un système fiscal découlant d'une conception rationnelle du système économique, d'une vision nouvelle et générale de l'origine de la richesse d'une nation (182). C'est cet entendement du circuit économique, schématisé dans le fameux Tableau Economique, qui fonde pour l'essentiel l'originalité de leur doctrine fiscale, une doctrine qui apparaît d'abord comme la conséquence mécanique (au sens quasi newtonien du terme) de l'ordre des choses, l'ordre de la nature, dans l'économie de la société (183). Pour les physiocrates (l'état de médecin de F. QUESNAY n'est sans doute pas étranger à cette méthode, il considérait d'ailleurs lui-même que ses écrits économiques formaient une "médecine sociale"), la démarche était claire et limpide ; le rétablissement du crédit et des ressources publics passait par le traitement de notre économie. Il fallait donc en premier lieu découvrir l'origine de toute richesse, c'est à dire le mécanisme de production du revenu, dépister les miasmes, virus et autres parasites qui rongeaient pernicieusement le malade et enfin proposer au corps social une potion appropriée.

Très rapidement va être posé le postulat de base de l'école. "L'origine, le principe de toute dépense", écrivait le bon docteur QUESNAY, "est la fertilité de la terre, dont on ne peut multiplier les produits que par ses produits mêmes. C'est elle qui fournit les avances du cultivateur qui la fertilise pour la faire produire davantage". Et il poursuivait un peu plus loin : " vous augmentez d'abord la production. Quand elle est augmentée, comme il y a des hommes qui voudraient bien se procurer plus de subsistances et de commodités qu'ils n'en ont et qui ne manquent pas d'art, ils s'industrieront pour gagner leur part de ce surplus de productions.

---

182. Pour un exposé systématique de la doctrine physiocratique, v. la somme monumentale de WEULERSSE (G.), *Le mouvement physiocratique en France*, Paris, rééd. Mouton, 1968, vol. I 617 p., vol. II 768 p..

183. Sur la question des rapports entre la démarche physiocratique et le discours ou la méthode scientifique de l'époque, v. la remarquable analyse de GOUTTE (P.H.), Evidence, ordre naturel et science économique dans l'oeuvre de Quesnay, in *Ordre, Nature, Propriété*, Lyon, Presses Universitaires de Lyon, 1985, 290 p., p. 119.

Voilà la vraie marche, la seule qui soit réelle, l'autre n'étant que fictive et imaginaire" (184). Ainsi était établie l'antériorité physique de l'agriculture par rapport à l'industrie.

De cette antériorité physique à la revendication d'une primogéniture de l'agriculture, il n'y avait qu'un pas qui fut rapidement franchi. L'ordre de primogéniture n'avait plus qu'à se transformer en ordre de causalité, aussitôt dit aussitôt fait, pour que l'industrie et le commerce deviennent en quelque sorte des effets de l'agriculture, dans la mesure où la circulation économique s'achevait complètement avec la consommation des produits de la terre plus ou moins ouvragés. Autrement dit, seules les richesses agricoles étaient par nature des richesses renaissantes (185). Ce qui autorisait QUESNAY à proclamer avec quelque solennité : "que le souverain et la nation ne perdent jamais de vue que la terre est l'unique source des richesses, et que c'est l'agriculture qui les multiplie" (186).

Cette richesse perpétuelle n'était pas loin d'être, au sens large un revenu. Elle n'en constituait pas pour autant un produit net qui seul était par définition susceptible de financer les dépenses publiques au travers de l'impôt. Ce revenu net, les physiocrates le découvriront comme le surplus du produit total au-delà des frais de production. Il s'ensuivait une double conséquence.

Tout d'abord, la seule classe véritablement productive était celle des cultivateurs. Seuls les hommes "employés aux travaux qui font naître les matières premières dont les hommes ont besoin, ..., ceux qui font naître sur les biens-fonds des productions dont la valeur surpasse les frais" produisent les richesses ou les revenus annuels. Et les seules dépenses réellement productives sont celles qui sont consacrées à la culture (187).

---

184. QUESNAY (F.), *Tableau économique des Physiocrates*, 1766, cité par WEULERSSE (G.), op. cité, vol. I, p. 258.

185. WEULERSSE (G.), op. cité, vol. I, p. 259-260.

186. Cité in WEULERSSE (G.), op. cité, vol. I, p. 261.

187. QUESNAY (F.), cité in WEULERSSE (G.), op. cité, vol. I, p. 262.

En second lieu, ce revenu net était par définition le revenu spécifique des propriétaires de la terre à propos desquels F. QUESNAY écrivait : "la classe des propriétaires comprend le souverain, les possesseurs de terres et les décimateurs. Cette classe subsiste par le revenu ou produit net de la culture qui lui est payé par la classe productive" (les exploitants agricoles) "après que celle-ci ait prélevé, sur la reproduction qu'elle fait renaître annuellement, les richesses nécessaires pour se rembourser de ses avances annuelles et pour entretenir ces richesses d'exploitation" (188).

Il restait cependant à expliquer l'origine de ce surplus que seule l'agriculture était susceptible de produire. Une seule solution était imaginable : le produit net était un don de la Nature ou de son Divin Auteur. LE TROSNE n'affirmait-il pas qu'il ne connaissait qu'une source de revenu : "la terre, secondée par le travail des hommes, soutenue par les richesses d'exploitation, et arrosée par la pluie du Ciel qui se change en or sur nos champs cultivés" (189). Et l'illustre ami des hommes, le marquis de MIRABEAU, allait encore plus loin dans ce délire mystico-bucolique : "l'agriculture est une manufacture d'institution divine où le fabricant a pour associé l'Auteur de la Nature", (singulière promotion sociale de l'agriculteur transformé en adjoint de Dieu !) "le Producteur même de tous les biens et de toutes les richesses ; l'action productrice et vivifiante dont il la doua dans l'instant de son institution lui assure la fécondité exclusivement à tous les autres travaux des hommes" (190). Dit d'une autre manière, derrière cet obscur déisme agrarien se profilait tout simplement la définition de la rente foncière telle qu'elle allait apparaître un peu plus tard chez les économistes classiques, celle qu'A. SMITH considérait "comme le produit des forces de la nature dont le propriétaire foncier concède l'usage aux fermiers. Elle est plus ou moins élevée selon le niveau supposé de

---

188. QUESNAY (F.), *Tableau économique des Physiocrates*, Paris, Calman Levy, 1969, 270 p., p.46.

189. LE TROSNE (G.F.), in *Journal de l'Agriculture*, juillet 1765, p. 114, cité in WEULERSSE (G.), op. cité, vol. I, p. 275.

190. In *Philosophie Rurale*, 1763, p. 33, cité in WEULERSSE (G.), op. cité, vol. I, p. 275.

ces forces, selon qu'on suppose à la terre plus ou moins de fertilité naturelle ou artificiellement acquise. C'est l'oeuvre de la nature après que l'on ait déduit ou remplacé tout ce qui peut être considéré comme l'oeuvre de l'homme" (191).

La rente foncière formait donc le revenu de la classe des propriétaires. Cette rente était versée par la classe dite productive, celle qui exploitait le sol, en d'autres termes les exploitants agricoles. Selon les physiocrates, la seule source réelle de richesse de la nation sortait des mains de cette classe productive. La rente foncière correspond en conséquence à la part du produit de la terre qui reste après que celui qui la cultive ait prélevé ses avances et le salaire de ses peines. Selon TURGOT, la rente foncière était en quelque sorte "ce que la terre donne en pur don", "c'est la part du propriétaire ou le revenu avec lequel celui-ci peut vivre sans travail et qu'il porte où il veut" (192).

Une conclusion s'imposait alors. Pour assurer au souverain des revenus réguliers et sûrs, il fallait d'une part immuniser fiscalement le cultivateur, l'exploitant, il fallait d'autre part taxer la seule source nette de revenu disponible, la rente foncière du propriétaire, l'ensemble du programme n'étant réalisable qu'à la condition que l'Etat assure un niveau de rémunération correct à ces deux compères. Cet objectif pouvait être atteint par une libéralisation des marchés des blés. "Qu'on ne s'y trompe pas" écrivait QUESNAY dans l'article sur l'impôt qu'il destinait à l'Encyclopédie, "les revenus des propriétaires et du souverain ne sont pas fournis par les terres simplement à raison des productions ou des denrées qu'elles rapportent, mais aussi à raison du prix de ces denrées. Toute l'évaluation du produit des impôts établis sur les revenus des propriétaires ne peut être déterminée que par le prix des denrées ; il ne suffit pas par exemple que les terres nous rapportent beaucoup

191. V. sur ce point SMITH (A.), *Recherche sur la nature et les causes de la richesse des Nations*, Londres, 1848, Livre II, chapitre V, p. 242.

192. TURGOT (A.R.), *Réflexions sur la formation et la distribution des richesses*, 1776, cité in GUIGOU (J.L.), La rente foncière, op. cité, p. 95.

de blé pour nous donner de gros revenus, il faut de plus que ce blé se vende un bon prix" (193).

Il était évident que l'état de la fiscalité royale de cette seconde moitié du XVIIIème siècle, fondée sur des principes "pernicieux" (mais connaissait-elle d'autres principes que celui d'une éternelle soif d'argent ?) ne remplissait pas ces conditions. Aussi allait-elle faire l'objet d'un violent tir de barrage de l'école physiocratique.

Pour commencer, cette dernière considérait que les impôts indirects, qui représentaient pourtant bien plus de la moitié des recettes fiscales de l'Etat, étaient illusoires et néfastes. LE TROSNE observait à cet effet que ces impôts, incorporés par définition dans les prix, avaient pour effet d'augmenter les frais de production et de diminuer par contrecoup mécanique la rente foncière du propriétaire. "Prenant sans distinction partout où il peut et grevant toutes les dépenses, il ne porte pas seulement sur les dépenses de la culture et sur celle du revenu mais revient encore grever son propre produit, le revenu public, celui des rentiers de l'Etat et des particuliers, les frais même et les bénéfices de sa perception" (194). L'impôt direct, la taille et l'impôt du vingtième, n'avait pas meilleure presse dans la mesure où il s'appliquait indistinctement à tout un chacun, du moins ceux qui n'en étaient pas exemptés, sans guère de considération pour les ressources réelles des contribuables, ce que dénonçait déjà VAUBAN et avec lui tous les réformateurs comme bon nombre de responsables des finances du roi.

Les effets d'un tel système étaient désastreux pour l'agriculture, et les physiocrates n'hésitaient pas à noircir le tableau. Pesant lourdement sur les exploitants, l'impôt les empêchait de faire les

---

193. Cité in CONAN (J.), Les débuts de l'école physiocratique ; un faux départ : l'échec de la réforme fiscale, *Revue d'Histoire Economique et Sociale*, 1958, p. 45. L'article en cause ne fut publié qu'en 1908 dans la Revue d'Histoire des Doctrines Economiques et Sociales.

194. LE TROSNE (G.F.), cité par CLERE (J.J.), La critique de la fiscalité de la monarchie absolue dans le discours des physiocrates : l'exemple de Le Trosne, in *Etat Finances et Economie pendant la Révolution française*, COMITE POUR L'HISTOIRE ECONOMIQUE ET FINANCIERE DE LA FRANCE, Paris, Imprimerie Nationale, 1991, 621 p., p. 81.

avances nécessaires, en bâtiments, instruments de culture, engrais et bestiaux. D'où une agriculture routinière, dotée d'un pauvre bétail, sans investissements, à la merci du premier incident météorologique venu, une agriculture misérable obsédée par les blés, qui pourtant n'était plus en état de mettre en valeur la totalité des terres et de nourrir tous les hommes. La cherté des subsistances impliquait des salaires en baisse, l'économie glissait sans plus de freins sur la pente verglacée de la récession, entraînant l'Etat dans la ruine et la décadence...

La réforme fiscale s'imposait et pour cela il fallait la fonder sur l'ordre naturel des choses tel qu'il venait d'être dégagé de la gangue des faits quotidiens. C'est peut-être dans la Théorie de l'Impôt publiée par le marquis de MIRABEAU, sous la dictée de QUESNAY, ouvrage qui connût un succès prodigieux et valut à son auteur une lettre de cachet, que les projets de l'école physiocratique furent le mieux exposés. Ils reposent pour l'essentiel sur deux postulats (195).

En premier lieu, l'impôt ne peut être prélevé sur les exploitants car il en va de la survie même de l'agriculture. Cela reviendrait à l'appliquer sur les avances et les frais de culture, ce qui se ferait au détriment de l'entretien des sols en conduisant tout droit à une réduction du produit net. "Quand un fisc aveuglé par la cupidité aura dépouillé le cultivateur, c'est au trésor même du Dispensateur des fleurs et des fruits qu'il voudrait s'attaquer, qu'il s'attaque en effet, puisqu'il force le possesseur précaire, ainsi que nous le sommes tous ici bas, à lui livrer le fonds, les engrais, les outils, les dépenses et les produits du labourage, à changer même la nature du climat, en abattant les bois qui servaient d'abri à son canton" écrivait MIRABEAU (196) ; on remarquera au passage la singulière présentation de la légendaire rapacité du Trésor, accusé ipso facto d'attenter à la personne de Dieu lui-même... Dit autrement d'une manière plus directe, l'exploitation, l'agriculteur, le fermier, l'entrepreneur de culture, devaient bénéficier d'une complète immunité fiscale.

---

195. HARSIN (P.), La théorie fiscale des physiocrates, *Revue d'Histoire Economique et Sociale*, 1958, p. 7.

196. Cité par CONAN (J.), art. cité, p. 61-62.

En conséquence, il convenait de n'établir l'impôt que sur les biens qui renaissaient, sur le produit de la terre, le fructus, et non sur les personnes ou leur travail. L'impôt sera fourni, porté par la terre, il s'analyse comme un partage de la reproduction, il est une portion déterminée du produit net versé au souverain pour qu'il assure la protection et la sûreté des citoyens (197). L'impôt s'apparentait à une prime d'assurance de la propriété !

Restait à évaluer cet impôt foncier, dû par la terre et versé par son propriétaire pour jouir en toute tranquillité de son bien. Pour les physiocrates, l'impôt ne pouvait être que de quotité ce qui impliquait un compte exact du produit net. Une évaluation parfaite aurait cependant impliqué un calcul par le détail des frais d'exploitation. La chose était trop complexe. On décida de s'en rapporter plus simplement aux baux. "Un bail est la seule règle que puisse prendre le gouvernement pour connaître le revenu du territoire" soutenait MIRABEAU (198), car "le propriétaire et le fermier connaissent chacun leur objet, et leurs intérêts réciproques fixeraient au juste les droits du roi".

La solution préconisée, après de tels développements sur le produit net, était surprenante ; elle n'était pas pour autant choquante pour le fiscaliste réformateur du siècle de Voltaire car les instructions pour la perception du vingtième la recommandaient. Elle était aussi appliquée par certains intendants pour l'évaluation de la taille proportionnelle dans plusieurs généralités. Comme l'observait G. WEULERSSE, "l'impôt foncier basé sur le loyer des terres n'était plus, dès cette époque, un paradoxe ; et l'immunité du cultivateur ne paraissait pas une utopie" (199).

Comment ne pas remarquer une parenté aussi directe entre la définition de l'assiette de l'impôt révolutionnaire et les théories développées par les économistes de l'école physiocratique dont les plus éminents représentants, QUESNAY, TURGOT ou MIRABEAU par exemple, avaient été en contact plus ou moins direct (parfois même à leur corps défendant) avec le pouvoir

---

197. WEULERSSE (G.), op. cité., vol. I, p. 468 et s..

198. Cité in WEULERSSE (G.), op. cité, vol. I, p. 472.

199. WEULERSSE (G.), op. cité, vol. I, p. 473.

politique, lorsqu'ils ne l'exerçaient pas eux-mêmes. Et cette définition a perduré dans le temps. La valeur locative cadastrale correspond aujourd'hui encore au revenu net que le propriétaire tire de ses immeubles lorsqu'il les afferme, ou s'il les exploite lui-même, à celui qu'il pourrait en tirer en cas de location. Elle s'accorde directement à celle de la rente foncière telle qu'on la trouve exprimée dans les écrits économiques des physiocrates.

Si l'établissement de cette filiation physiocratique de la taxe foncière peut paraître suffisante, elle n'en est pourtant pas moins incomplète. L'origine en quelque sorte chromosomique de cet impôt est certainement plus complexe, moins tranchée, plus mêlée, car le système physiocratique était à mains égards trop étroit, trop borné, et par d'autres côtés trop excessif. En particulier, son principe de base, celui de la productivité exclusive de l'agriculture, fondé pour l'essentiel sur la valeur d'usage des biens agricoles, ne résistait pas à une analyse sérieuse.

Déjà, dès les années 1760, la polémique faisait rage. FORBONNAIS, dans ses Principes et Observations Economiques publiés en 1767, arguant de ce que l'industrie était aussi productrice de richesse, se refusait à exonérer son revenu. GRASLIN démolissait le Tableau Economique en montrant qu'il n'y avait pas de différence de nature entre le produit du sol et le produit du travail de l'ouvrier. De plus en plus, c'est le travail qui était admis comme fondateur de la valeur économique et non pas l'éthéré don de la mère nature (200).

Très vite d'ailleurs, certains des membres éminents de l'école physiocratique intégrèrent ces considérations qui relevaient d'une approche moins monolithique, moins exclusive de la chose économique. MIRABEAU déjà, dans sa Théorie de l'Impôt, admettait que "l'Etat ne peut prélever ses revenus que sur ce qui est richesse ; car ce qui est biens, est dévolu à la subsistance de la partie appelée travail. L'Etat ne peut donc établir son droit que par l'opération du commerce, nécessaire précurseur de la finance"

---

200. WEULERSSE (G.), op. cité, vol. II, p. 387 et s. ; HARSIN (P.), art. cité, p. 13-14.

(201). Et un peu plus loin, il n'hésitait pas à affirmer qu'"imposer le travail, c'est débiliter les forces et ralentir l'action qui vivifie l'Etat" (202), ce qui impliquait indirectement une reconnaissance de l'importance économique du facteur travail. Cela autorisait fort justement M. PERON à affirmer que la "conception physiocratique selon laquelle il n'y a de richesse que du sol était dépassée", en réalité, la seule vraie richesse était celle que créait l'activité de l'homme.

Dans les années 1780, ce physiocratisme déjà amendé va peu à peu accueillir des notions nouvelles comme celles de valeur d'échange, propre aux transactions fiduciaires ; "l'utilité de la propriété parait moins se définir par la certitude d'un rendement rentable en biens de consommation que par une aptitude à la spéculation sur l'intérêt produit par tout placement en numéraire" (203). Plus tard, (en 1797 il est vrai), ROEDERER, qui sous la Constituante, avait manifesté un physiocratisme tempéré, concédait que les concepts d'avance et de produit net pouvaient sans autre forme de procès être étendus au capital manufacturier et marchand (204). Et comme l'observe F. HINCKER, lorsqu'il s'agissait de passer de la théorie à la décision politique, DUPONT DE NEMOURS lui-même, physiocrate pur et dur, expert es fiscalité du Comité des Impositions de la Constituante, était ébranlé par l'absurdité de l'exemption des industriels et des commerçants (205).

---

201. Cité in PERON (M.), Théories prérévolutionnaires de l'impôt : Mirabeau, les Encyclopédistes et A. Smith, in *Etat Finances et Economie pendant la Révolution française*, op. cité, p. 53, en particulier p. 60.

202. In PERON (M.), art. cité, p. 60.

203. REMOND (A.), Trois bilans de l'économie française au temps des théories physiocratiques, *Revue d'Histoire Economique et Sociale*, 1958, p. 416, en particulier p. 425.

204. En ce sens, HINCKER (F.), L'idéologie économique à l'oeuvre dans les débats et les décisions concernant la fiscalité pendant la Révolution, in *Etat Finances et Economie pendant la Révolution française*, op. cité, p. 355, en particulier p. 359.

205. HINCKER (F.), art. cité, p. 359.

Par ailleurs, si l'école physiocratique, un moment, a tenu le haut du pavé économique, elle n'a pour autant jamais disposé en exclusivité de la question de la réforme fiscale. Les Encyclopédistes (auxquels QUESNAY appartenait), de leur côté, avaient aussi exercé leur esprit sur l'affaire et leurs conclusions étaient loin de toujours rejoindre celles des physiocrates. Leurs principales revendications portaient sur l'inégalité de l'assiette des impôts royaux. Mais jamais ils ne prétendront que le fermier, l'exploitant des terres, l'entrepreneur de cultures devait être exempté, au contraire, il fallait l'imposer, mais raisonnablement pour ne pas compromettre son effort d'investissement (206). Et de proposer d'imposer simultanément le propriétaire et son locataire exploitant (ce qui ne manque pas de nous interpeller sur l'actualité de la réforme de la taxe foncière envisagée par la loi de 1990 !).

Au total donc, l'influence physiocratique était en très nette perte de vitesse vers la fin du siècle. Déjà, à partir de 1770, la polémique s'apaise, tout ou presque semble dit sur leur utopie fiscale. En 1789, cette pensée était le plus souvent affublée d'une image d'archaïsme : il était par trop évident que "n'accepter de contribution que foncière, sous prétexte que la terre seule est productive, revenait à exempter des citoyens manifestement riches et à charger d'autant des citoyens qui pouvaient être fort modestes" (207).

C'est aussi qu'A. SMITH était passé par là, en publiant dès 1776 ses si célèbres et décapantes Recherches sur la Nature et les Causes de la Richesse des Nations. Comme les autres, ce livre se voulait d'abord un manuel de développement économique dont l'auteur s'interrogeait sur la nature du processus menant au progrès social, et en particulier, ce qui était logique pour un homme de son temps, au progrès agricole (208). Le grand économiste (qui était aussi juriste et philosophe) avait d'ailleurs rencontré QUESNAY, TURGOT, D'ALEMBERT, DIDEROT et VOLTAIRE, d'autres encore, lors d'un voyage en France quelques années plus tôt (en

---

206. PERON (M.), art. cité, p. 59.

207. HINCKER (F.), art. cité, p. 358.

208. HOBSBAWM (E.J.), Capitalisme et agriculture : les réformateurs écossais au XVIIIème siècle, *Revue des Annales d'Histoire Economique et Sociale*, 1978, p. 580.

1765-1766). Même résumé à très grands traits, son apport fut immense.

S'interrogeant sur la formation des richesses, il constatait que la théorie de la valeur développée par les physiocrates était essentiellement une théorie de l'utilité. Dans la mesure où la valeur d'une chose dépendait de son utilité, principe posé et défendu de longue date par Aristote, repris par l'école scolastique, et que par définition tous les besoins étaient satisfaits par des biens provenant en dernière instance de la terre (dont les plus impérieux, ceux qui assuraient la subsistance de l'homme), les physiocrates, TURGOT surtout, concluaient que l'agriculture, la terre créait l'utilité qui fait la valeur de toute chose. Le problème était qu'il est très difficile de donner une valeur marchande à cette utilité et surtout de justifier cette valeur et son allocation, d'où ces divagations porteuses d'une religiosité diffuse sur les dons de la Nature ou du Ciel...

A. SMITH allait démontrer qu'en réalité, seul le travail produisait une valeur économique, et que par conséquent seul le travail, et non pas la monnaie, pouvait être considéré comme un étalon de mesure réel des valeurs. Et le travail présente sur l'utilité humaine l'avantage considérable d'être évaluable en argent ! Son prix est égal à la quantité de biens nécessaires à la vie du travailleur. Il en résultait une conséquence importante, c'est que la valeur d'un bien est fonction de la quantité de travail nécessaire à sa production ; la valeur d'échange d'un bien était égale à la quantité de travail nécessaire à sa production, en d'autres termes la valeur d'échange était un pouvoir d'acheter, le capital était un pouvoir de disposition du travail d'autrui. La richesse revenant à celui qui la crée, le produit du travail se partageait fort logiquement pour A. SMITH entre le capitaliste et le travailleur. Il évacuait par là même la valeur d'usage hors du raisonnement économique en créant une théorie de la valeur qui était aussi une théorie de la distribution des richesses. La demande était libérée du besoin d'usage et devenait une simple variable dépendant du prix au même titre que l'offre (209).

---

209. Sur ces points, v. WOLFF (J.), *Histoire de la pensée économique*, Paris, Montchrestien, 1991, 305 p., en particulier p. 98 et s. ; v. également la

Les hommes de la Révolution étaient plus ou moins au fait de cette théorie dont on trouve indirectement trace dans l'économie de la taxe foncière.

Le tarif tout d'abord. Nous l'avons démontré plus haut, celui-ci peut s'analyser comme une sorte de matrice permettant de croiser, de coupler la valeur agronomique d'une parcelle à la valeur moyenne des baux des terres de même catégorie. Ce mode de détermination de la valeur locative supposera par définition un minimum de locations, c'est à dire en fin de compte d'échanges économiques entre les fermiers et les propriétaires. Seul le développement d'une économie d'échange, d'une économie agricole ouverte pouvait permettre une appréciation commode de l'assiette de l'impôt et son extrapolation au moyen du cadastre. Or la valeur d'un bail est déterminée non par les besoins du bailleur ou de son locataire, mais par des facteurs comme la valeur agronomique de la terre, celle des équipements nécessaires à sa mise en valeur, celle des produits cultivés dans le cadre d'un marché..., toutes choses que n'ignorait pas le législateur ; en fin de compte, elle est toujours indirectement fonction de la valeur du travail de l'agriculteur.

Le principe de la fixité des évaluations cadastrales ensuite. Ce dernier n'était pas seulement une simple commodité administrative dispensant l'Etat de revoir périodiquement des évaluations cadastrales délicates, c'était aussi un moyen d'action économique, qui en période de stabilité des prix (ce qui fut le cas du XIXème siècle où les prix progressèrent par paliers) autorisait un allégement graduel de l'impôt pesant sur les activités agricoles. En cela, il s'apparente à un mode de subventionnement indirect remédiant à la baisse progressive durant la même période de la rémunération du capital, de la rente, dans le secteur agricole.

G. ARDANT en conclut avec finesse que la combinaison du principe de fixité et de l'évaluation tarifaire permettait surtout d'inciter les agriculteurs à tirer le maximum de leur domaine, en d'autres termes à intensifier le facteur travail. Il en déduisait que le système foncier cadastral ne fut certainement pas étranger à l'évolution positive de l'agriculture française, de l'agriculture

---

remarquable analyse de JORLAND (G.), Le problème Adam Smith, *Revue des Annales d'Histoire Economique et Sociale*, 1984, p. 831.

italienne plus encore peut-être, durant le XIXème siècle (210). A son avis, l'incidence du mode d'établissement de l'impôt foncier sur l'orientation de l'agriculture était loin d'être négligeable.

Faut-il s'en étonner ? Certainement pas, car derrière ces relations économiques se cache autre chose. La taxe foncière est aussi un produit culturel, un produit social, le rejeton fiscal d'une classe sociale en route vers le pouvoir.

Cette nouvelle appréhension de l'économique, qu'on perçoit si nettement derrière les théories défendues par les physiocrates et les libéraux, avait en effet pour résultat de bouleverser le sens des rapports de l'Homme à l'environnement. La valeur économique des biens d'environnement ne dépendait plus de leur aptitude à répondre à des besoins humains, des plus impérieux aux plus frivoles, mais de satisfaire aux désirs de l'homme. Elle était désormais fonction des relations d'échange, s'établissant sous forme de contrats, entre agents économiques et dépendait directement des possibilités d'appropriation privative de ces biens dans un contexte général de concurrence des désirs. Et ces considérations, qui au XVIIIème siècle relevaient tant du droit que de l'économie (on distinguait encore mal les deux disciplines), amenaient A. SMITH à conclure qu'au plan juridique, les règles de justice se réduisaient en définitive à assurer à chacun son droit de propriété (211). A la veille du Code Civil, le droit apparaissait déjà comme "l'instrument qui permet à chacun de satisfaire ses besoins économiques en réglementant les relations d'échange " (212) ; la règle de droit, dont le Code Civil de 1804 sera l'expression la plus achevée, va désormais protéger l'individu dans sa personne mais aussi et surtout dans ses relations avec les objets.

Les théories d'A. SMITH et des physiocrates, qui marquent si profondément de leur empreinte la taxe foncière, sont ainsi annonciatrices d'un nouvel univers, un univers de production marchande, l'univers du capitalisme. Et en ce sens, elles sont

---

210. ARDANT (G.), *Théorie sociologique de l'impôt*, op. cité, p. 227 et s.

211. In Leçons de Jurisprudence, cité par JORLAND (G.), art. cité, p. 834.

212. POUGHON (J.M.), *Le Code Civil*, Paris, P.U.F. (coll. Que sais-je), n° 2118, 1992, 126 p., p. 11.

significatives d'un groupe social porteur de ces nouvelles idées, un groupe en pleine effervescence, une classe sociale qui bientôt allait conquérir le pouvoir. "Un penseur" n'est-il pas "toujours inscrit dans son temps, dans sa société", de sorte que "ses écrits donnent accès à la connaissance de cette société" (213).

Car ces hommes qui pensent, qui écrivent, qui enseignent, sont issus le plus souvent de cette grande bourgeoisie d'affaires, commerciale, financière, et d'abord foncière, une classe sociale en pleine ascension sociale. FORBONNAIS est né d'une famille d'étaminiers du Mans, le père de QUESNAY était l'un de ces nombreux et aisés entrepreneurs de culture qui avait pris des terres à bail dans la région de Montfort-l'Amaury. Celui de MIRABEAU investissait dans la finance royale et avait perdu quelque 200.000 livres dans l'affaire (ce qui explique la haine porté par son fils à la Ferme Générale) (214). Le père de TURGOT était prévôt des marchands de Paris, lui-même, juriste de formation, fut conseiller au Parlement de Paris, Intendant à Grenoble puis Limoges, plus tard encore Contrôleur Général des Finances. LE TROSNE était avocat du roi au siège présidial d'Orléans. Comme l'écrit E. LABROUSSE, "de cette bourgeoisie sortent les grands économistes, colbertistes ou physiocrates, les écrivains du grand siècle, les Encyclopédistes, les philosophes", ajoutons pour faire bonne mesure les grands juristes. "Et entre le monde des affaires et des professions libérales d'une part, celui des hommes de lettres de l'autre, les ponts sont nombreux, et les passages fréquents" (215). La symbiose entre ce monde d'intellectuel et cette bourgeoisie montante, bientôt triomphante, est tout compte fait étroite et profitable aux deux parties.

S'étonnera-t-on alors de ce que les concepts philosophiques, économiques, juridiques et finalement fiscaux (le tout étroitement entremêlé) qui doucement mûrissent alors, sont d'abord ceux de la liberté et surtout celle du commerce, intérieur ou extérieur, celle de l'entreprise et de l'investissement, celle des prix et des profits. "La

---

213. KLOTZ (G.), in *Ordre, nature, propriété*, op. cité, p. 9.

214. V. en ce sens les observations de CONAN (J.) , art. cité, p. 46 et 60.

215. LABROUSSE (E.), in *Histoire économique et sociale de la France*, vol. II 1660-1789, Paris, P.U.F., 1970, 779 p., p. 638.

libre entreprise, le libre prix, le libre profit" (et le juste impôt librement consenti) "s'accordent avec les préoccupations traditionnelles ou rénovées de la masse marchande. La conceptualisation collective de deux générations de philosophes-économistes a mis au point un corps de doctrines très représentatif des intérêts de la classe des propriétaires et des entrepreneurs" (216). Et DUPONT DE NEMOURS, l'un des plus éminents représentants de cette école, qui deviendra le grand expert économique et fiscal de la Constituante, sera le père de cette contribution foncière dont la taxe foncière d'aujourd'hui est la directe descendante. Liberté, propriété, fiscalité, ces trois mots ironiquement accolés prennent dans un tel contexte une singulière résonance !

Morale de marchands, la philosophie économique du XVIIIème siècle est d'abord un programme du bonheur bourgeois, d'un bonheur par la liberté d'entreprendre, de fabriquer, de trafiquer, de posséder, d'un bonheur de la jouissance, qu'on dirait aujourd'hui de la consommation. PUFENDORF, l'un des fondateurs de l'école du droit naturel, ne craignait pas "d'assimiler l'idée philosophique du Bien à la notion juridico-économique de Biens dans la mesure où ces derniers "lui rendent la vie plus commode et plus douce, de sorte qu'en un sens, les Biens sont, pour ainsi dire, l'âme des pauvres mortels"" (217). En un mot, un bien était d'abord et surtout quelque chose qui faisait du bien ! Et DUPONT DE NEMOURS, en 1772, n'hésitait pas à proclamer que "le bonheur de l'espèce humaine consiste dans la multiplicité de ses jouissances" (218).

Cette jouissance est l'une des clés de la pensée physiocratique (et peut-être de toute la pensée économique), en tout cas, elle fait vibrer des harmoniques révélatrices. P. RETAT le démontre avec éloquence, la psychologie des physiocrates est "résolument sensationniste et hédoniste". "La jouissance revêt une valeur définitoire, déclare l'être même de l'homme, producteur et

---

216. LABROUSSE (E.), op. cité, p. 719.

217. POUGHON (J.M.), Les fondements juridiques de l'économie politique, *Journal des Economistes et des Etudes Humaines*, 1990, p. 399, en particulier p. 403.

218. Cité par LABROUSSE (E.), op. cité, p. 721.

consommateur" (c'est bien en ce sens qu'il convient d'interpréter le mot précité de DUPONT DE NEMOURS), "révèle une finalité inscrite dans la nature. Elle forme à la fois la base et le but ultime de l'ordre" (219), l'ordre naturel des choses, l'ordre de notre mère-nature.

L'évolution des conceptions juridiques et économiques correspondait en effet à celle des mentalités. La nouvelle vision mécaniste et cartésienne de la nature et de la société humaine, au travers des lois qui semblaient les gouverner toutes deux (220), impliquait l'effacement de l'ancien ordre finaliste d'une école scolastique déliquescente, un ordre où chaque chose tenait objectivement sa place, avait un statut de droit dans l'univers créé par Dieu (221). Désormais, dans cette perception renouvelée de la place de l'homme dans l'univers des choses, "l'harmonisation de l'homme et du monde, de l'ordre moral et de l'ordre physique se réalisera sous le signe de l'optimisation du bonheur" (222). Les choses, les animaux, la nature, n'ont plus aucun droit à opposer à l'homme, "celui-ci n'a plus un droit-devoir, mais un droit-liberté" (223). Pour HEGEL, l'appropriation juridique de la nature par l'homme sera l'expression privilégiée de sa liberté d'être pensant, et B. EDELMAN ajoutait qu'en conséquence, la nature avait "pour seule utilité de permettre cette liberté ; elle est le moyen par lequel

---

219. RETAT (P.), La jouissance physiocratique, in *Ordre, nature, propriété*, op. cité, p. 178, en particulier p. 185 ; v. également LARRERE (C.), Droit naturel et physiocratie, *Archives de Philosophie du Droit*, 1992, T. 37, p. 69.

220. Le mot loi est révélateur de cette vision polysémique de la société et de la nature ; on sait pourtant qu'une loi scientifique n'est par définition qu'une formalisation descriptive d'un phénomène physique alors que la loi juridique est d'une nature purement prescriptive.

221. Les procès d'animaux des XV et XVIèmes siècles dont fait état L. FERRY, sont la meilleure illustration de cette conception du monde et de ses incidences sur l'ordre juridique, v. FERRY (L.), *Le nouvel ordre écologique*, Paris, Grasset, 1992, 275 p., en particulier p. 9 et s..

222. RETAT (P.), art. cité, p. 181.

223. RENOUX-ZAGAME (M.F.), Du droit de Dieu au droit de l'homme : sur les origines théologiques du concept moderne de propriété, *Droits-Revue Française de Théorie Juridique*, 1985, p. 17, en particulier p. 29 et s..

l'homme se reconnaît comme un être libre" (224) ! La conclusion est alors fatale et logique. Si l'ordre social est celui de la jouissance, de la possession des choses, "le désir de jouir irrité par la concurrence ... nous est garant que chacun agira toujours de tout son pouvoir au plus grand accroissement possible de cette somme d'intérêts particuliers dont la somme forme ce qu'on peut appeler l'intérêt général du corps social" (225). Tout est dit : dorénavant, seule la valeur d'échange des choses fondera leur valeur dans l'ordre de la nature, dans cet ordre naturel découvert et voulu par l'homme.

Ce droit-liberté, ce nouveau statut de droit purement passif des choses (et donc de l'environnement) prendra la forme des libertés économiques qui, elles-mêmes, seront les conditions et la garantie du bien-être et de la sûreté du citoyen, et plus généralement du sujet de droit. L'article 2 de la Déclaration des Droits de l'Homme de 1789, qui consacre la liberté, la propriété, la sûreté et la résistance à l'oppression comme des droits naturels et imprescriptibles de l'homme (226), exprime en effet aussi sa prise de possession de la nature. Car la liberté, comme projection de l'individualité de l'homme, s'exerçait d'abord par l'appropriation, cette tension du désir qui se manifestait par la jouissance et la possession des biens, c'est à dire des choses et des êtres vivants

---

224. EDELMAN (B.), Nature et sujet de droit, *Droits-Revue Française de Théorie Juridique*, 1985, p. 125 ; v. également ses observations in *L'homme, la nature et le droit*, op. cité, p. 108 et s. ; sur les aspects philosophiques et politiques des rapports de l'Homme à la nature, v. FERRY (L.), *Le nouvel ordre écologique*, op. cité.

225. LE MERCIER DE LA RIVIERE, *L'ordre naturel et essentiel des sociétés politiques*, 1767, cité par RETAT (P.), art. cité, p. 181.

226. Comme l'a rappelé le Conseil Constitutionnel en 1982 (décision du 16 janvier 1982, n° 81.132, relative à la loi de nationalisation, J.O. du 17 janvier 1982, p. 300, A.J.D.A. 1982, p. 202, note RIVERO (J.), Ni lu, ni compris, p. 209 ; COLLY (F.), Le Conseil Constitutionnel et le droit de propriété, R.D.P., 1988, p. 136 et importante bibliographie citée), ces principes, et en particulier le droit de propriété, qualifié d'inviolable et sacré par l'article 17 de la Déclaration des Droits, ont toujours encore pleine valeur constitutionnelle, cela alors même que la nature, les finalités et les conditions d'exercice du droit de propriété ont beaucoup évolué depuis 1789.

susceptibles d'être l'objet de droits subjectifs ; la sûreté de cette possession était garantie par l'abandon volontaire et consenti d'une partie de leurs fruits à l'Etat. La propriété (surtout foncière), le droit à la propriété c'est à dire le droit naturel de l'homme à s'approprier toute chose, en assurant au plan juridique le lien entre le bien et la personne, apparaît ainsi comme l'assise d'un pacte social conçu comme le ménagement (on dirait management aujourd'hui) de la liberté individuelle de la personne. La liberté du citoyen est à la fois une liberté publique mais surtout économique (les deux sont en fait indivisibles dans les idées des hommes du XVIIIème siècle) qui va consacrer le dominium de l'homme sur les choses et les êtres qui l'entourent.

L'appropriation de la nature était ainsi en toute logique l'un des éléments majeurs du grand dessein politique de cette bourgeoisie du siècle des lumières, qui fut aussi celui de la philosophie du bonheur individuel, ce siècle qui va poser les fondements politiques, juridiques et économiques du libéralisme capitaliste. Et son modèle se trouvait pour partie caché au fond de nos campagnes.

CHAPITRE II

TAXE FONCIERE ET ORGANISATION ECONOMIQUE ET SOCIALE DES CAMPAGNES

L'école physiocratique comme l'école libérale sont deux facettes d'un même régime économique, le libéralisme capitaliste, un régime dans lequel les capitaux, les moyens de production et comme tels source de revenu, appartiennent en général à des personnes autres que celles qui les mettent en oeuvre par leur propre travail (227).

G. WEULERSSE le démontre amplement à propos de la physiocratie, ce système est un système capitaliste (228) ou plus exactement à forte intensité de capital : ce caractère n'est en effet guère douteux. Pour s'en convaincre, il suffit de citer ce qu'écrivait par exemple MIRABEAU dans sa Philosophie Rurale de 1763, en collaboration avec François QUESNAY : "l'économie rurale n'est point parcimonieuse sur le fond : car le laboureur sait bien que la plus ruineuse des dissipations serait l'épargne faite sur le travail, les labours, les engrais, etc... Mais il cherche à épargner sur le temps en redoublant de vigilance, d'ordre et d'activité ; sur les frais annuels en cherchant à faire, à l'aide des animaux, ce qu'il fait avec des hommes ; ... en leur donnant des conducteurs plus forts, plus habiles ... et qui, quoique mieux payés, lui coûtent bien moins, en ce qu'un seul fait l'ouvrage de trois ; ... en s'aidant enfin de toutes les machines propres à faciliter le travail de son atelier, en mettant tout à profit" (229). Ce programme n'implique-t-il pas l'augmentation de la production par l'apport de capitaux importants, l'exploitation par des entrepreneurs distincts des propriétaires, la préférence donnée aux denrées de haut prix, la libéralisation des

---

227. Sur l'impossible définition, v. BRAUDEL (F.), *Civilisation matérielle, économie et capitalisme*, vol. II Les jeux de l'échange, Paris, A. Colin, 1979, 600 p., p. 201 et s..

228. WEULERSSE (G.), op. cité., vol. II., pp. 683-690.

229. Cité in GUIGOU (J.L.), *La rente foncière*, op. cité, p. 83

marchés et débouchés..., soit autant de traits d'un système de production que nous connaissons bien.

Un groupe social ne saurait cependant être porteur de telles idées si ces dernières ne correspondaient pas aussi à certaines réalités économiques et sociologiques, sûrement symptomatiques d'un mode d'exploitation des campagnes du XVIIIème siècle dont les physiocrates se contenteront de reproduire le modèle. Ce modèle, c'est celui d'un système déjà séculaire, où la propriété de la terre et le pouvoir sur les hommes sont liés, où la possession de la terre, du domaine, "met en scène un statut social", sert "de support privilégié à la représentation sociale" (230), qui parfois s'est perpétué jusque de nos jours. Il préfigure, correspond quelquefois déjà à celui de l'exploitation capitaliste, dont l'installation, selon F. BRAUDEL, était soumise à plusieurs préalables, "que le régime seigneurial ait été sinon aboli, au moins écarté ou modifié... ; que les libertés paysannes aient été sinon supprimées au moins tournées, limitées (c'est la grosse question des biens communaux), que l'entreprise soit saisie dans une chaîne vigoureuse d'échanges à large rayon - le blé à exporter, la laine, le pastel... ; qu'une gestion rationnelle se mette en place, guidée par une politique réfléchie de rendement et d'amendement ; qu'une technique éprouvée dirige les investissements et les implantations de capitaux fixes ; qu'enfin existe à la base un prolétariat salarié" (231).

Partons d'une constatation de base, la bourgeoisie a depuis longtemps déjà investi en biens-fonds ruraux qui à l'époque, ne l'oublions pas, étaient à la base de la composition de toute fortune. Ces achats jouent alors un rôle économique primordial à un triple égard. La maison des champs assurait l'approvisionnement de celle de la ville. Surtout, et les marchands ou les financiers le savaient bien, la terre était le placement sûr par excellence, à l'abri des aléas du commerce et de la banque, elle assurait "la fortune de sa descendance sur des bases plus fermes que celles du commerce : les familles", écrivait COLBERT, "ne peuvent bien se maintenir

230. JAILLET (M.C.), THEBAULT (V.), Le grand domaine : deux siècles de résistance d'un modèle social, in *Un droit inviolable et sacré : la propriété*, Paris, A.D.E.F., 1991, 360 p., p. 245.

231. BRAUDEL (F.), *Civilisation matérielle...*, op. cité, vol. II, p. 218.

que par des établissements solides en terre" (232). Ce précepte, le successeur de FOUQUET se l'appliqua d'une manière rigoureuse (233). Et puis, la terre, si elle n'assurait pas directement l'accès à l'état noble, était dans tous les cas le chemin obligé de toute promotion sociale. "Qui a des sous achète des fiefs et devient baron", disait un proverbe napolitain de l'époque. Enfin, la rareté des placements mobiliers à la fois sûrs et lucratifs conduisait quasi-automatiquement l'investissement vers le foncier.

Partout en Europe, l'argent urbain débordait sur les terres voisines. Plus la ville est importante, plus l'auréole des propriétés urbaines s'étend loin, écrivait avec juste raison F. BRAUDEL (234). Les Lyonnais envahissent les Dombes ou le vignoble rhodanien, les Grenoblois font leur le Grésivaudan, les Parisiens ont leurs chasses gardées dans toute l'Ile de France, investissent la Normandie, la Bourgogne, parfois jusqu'en Bretagne ou en Lorraine..., la Beauce et la Brie sont des annexes de l'île de la Cité car comme l'observe F. BRAUDEL, "autour de Paris, depuis des siècles, la propriété urbaine dévore la terre paysanne et seigneuriale" (235). La propriété paysanne résiste mal à cet accaparement, il ne lui reste guère que les régions isolées et souvent montagneuses. En Auvergne, elle représente 75 % du sol, 55 % en Limousin, 90 % en Béarn, 57 % des garrigues languedociennes (mais seulement 22 % des terres de plaine dans cette région) (236).

Dans la société française, où presque toutes les familles sont issues du milieu rural, la possession foncière est très répandue et prend toutes les formes. Tout boutiquier, artisan, notaire ou avocaillon dispose d'un petit bien aux champs. Au niveau

---

232. BLOCH (M.), *Les caractères originaux de l'histoire rurale française*, op. cité, p. 143.

233. V. en ce sens LABROUSSE (E.), in *Histoire économique et sociale de la France*, op. cité, p. 634.

234. BRAUDEL (F.), *Civilisation matérielle...*, op. cité, vol. II, p. 217.

235. BRAUDEL (F.), *Civilisation matérielle...*, op. cité, vol. II, p. 245.

236. DONTENWILL (S.), in *Histoire des paysans français du XVIIIème siècle à nos jours*, Roanne, Ed. Horwath, 1976, 549 p., en particulier p. 47.

supérieur, les investissements s'étoffent et se diversifient, l'acquisition de grands domaines ruraux, leur lente (re)constitution par le rachat progressif et patient de parcelles est la règle (237). Les anciennes réserves seigneuriales souvent servent de point d'appui à ce lent grignotage de la terre paysanne. Plus haut encore, pour les plus grands aristocrates, bourgeois et financiers, c'est en seigneuries entières que se convertissent leurs avoirs mobiliers (238). Malgré l'incertitude des données, il semblerait qu'à la fin du XVIIIème siècle 50 % des terres étaient détenues par moins de 10 % (entre 5 et 8 %) des Français, qui percevaient la presque totalité de la rente foncière sous forme de fermages, métayages, dîmes et droits seigneuriaux de toute sorte (239), une rente foncière qui va bénéficier d'une hausse sans précédent.

L'histoire économique nous apprend en effet qu'à partir de 1750, l'on assiste en France à une augmentation générale du prix des céréales et des fermages et à un début d'agitation sociale dans les campagnes. Dans la période 1739-1789, l'indice général pondéré des prix agricoles français passe du niveau 78 au niveau 125, soit une hausse de 60 %. Pendant la même époque, l'indice des fermages nominaux passait de l'indice 100 avant la décennie 1730/1739 à l'indice 242 pendant la décennie 1780/1789 (240).

---

237. BLOCH (M.), *Les caractères originaux de l'histoire rurale française*, op. cité, pp. 143-145, en donne divers exemples ; Antoine de Croze passa sa vie d'homme pour reconstituer la seigneurie de Lincel ; il fallut cent-soixante-et-un ans aux seigneurs de Lantenay pour composer la parcelle sur laquelle ils élèveront leur château !

238. V. en ce sens LEON (P.), in *Histoire économique et sociale de la France*, op. cité, pp. 632-635 ; sur un plan plus particulier, s'agissant de la composition du patrimoine des financiers, v. BAYARD (F.), *Le monde des financiers au XVIIème siècle*, Paris, Flammarion, 1988, 621 p., en particulier p. 413 et s. ; DESSERT (D.), *Argent, pouvoir et société au Grand Siècle*, Paris, Fayard, 1984, 824 p., en particulier p. 111 et s..

239. LABROUSSE (E.), in *Histoire économique et sociale de la France*, op. cité, pp. 475-477 ; v. également GASPERINI (E.), GUICHARD (J.P.), Le capital et les revenus fonciers en France depuis deux siècles, in *Un droit inviolable et sacré : la propriété*, op. cité, p. 72.

240. LE ROY LADURIE (E.), in *Histoire de la France rurale*, op. cité, Paris, Le Seuil, 1975, vol. II 620 p., p. 434.

Calculé en termes corrigés de l'inflation, la hausse est encore de 51 % (241).

Cette hausse lente et continue détonne par rapport à la situation du XVIIème siècle qui fut une période de recul des revenus agricoles. La rente fut généralement stable, parfois légèrement ascendante, jusque vers les années 1660-1670. Puis la chute fut brutale et générale, comme celle des prix alimentaires généralement très bas après 1662 (242). Ceux qui souffrirent le plus de cette situation furent les petits paysans, propriétaires de l'une ou l'autre parcelle, vivants plutôt mal de leur bien. Etouffés par le fisc, par la dîme ou les droits seigneuriaux, pressurés lorsqu'ils étaient locataires de bailleurs eux-mêmes en mal de finances, contraints de s'endetter à des taux onéreux et souvent usuraires (le Crédit Agricole n'existait pas alors), ils n'échappèrent guère à la nécessité de vendre, et souvent le prêteur lui-même se porte acquéreur.

Les difficultés du financement de la vie paysanne, qui perdurent le siècle suivant d'une manière atténuée cependant, furent ainsi à la source, ou peut-être plus justement un accélérateur, de la reconstitution, par la noblesse, le clergé ou la bourgeoisie urbaine des grandes exploitations seigneuriales. Cette reconstitution avait d'ailleurs commencé dès le lendemain de l'horrible guerre de Cent Ans (243) qui, en raison de l'extermination de la noblesse de sang, fut à l'origine d'un embourgeoisement sans précédent de l'aristocratie. Elle sera l'une des causes de l'immense colère paysanne de la fin du XVIIIème siècle. P. MASSE allait admirablement résumer ce mouvement séculaire en quelques lignes énergiques : "ces acheteurs procèdent par empirisme. Ils

---

241. Cité par LE ROY LADURIE (E.), in *Histoire de la France rurale*, op. cité, vol. II, p. 434.

242. GOUBERT (P.), in *Histoire économique et sociale de la France*, op. cité, pp. 337-342 ; v. également LE ROY LADURIE (E.), VEYRASSAT-HERREN (B.), La rente foncière autour de Paris au XVIIème siècle, *Revue des Annales d'Histoire Economique et Sociale*, 1968, p. 541.

243. BLOCH (M.), *Les caractères originaux de l'histoire rurale française*, op. cité, pp. 145-147 ; GOUBERT (P.), in *Histoire économique et sociale de la France*, op. cité, pp. 337-342.

commencent par saisir tout ce qui leur tombe sous la main, depuis les terres labourables jusqu'aux maisons délabrées. Puis ils poussent vigoureusement leur offensive, de manière à se former des domaines entiers qu'ils mettent ensuite en valeur. Une fois solidement installés dans le pays, ils deviennent des sortes de banquiers au petit pied. Ils prêtent de l'argent et aussi des semences, épaulent les collecteurs de tailles, ces personnages aux fonctions ingrates, ayant bien besoin de se faire aider" (le paiement de l'impôt endettera d'autant plus le paysan). "Ils deviennent les coqs de village que dénonceront avec force les Cahiers de doléances un siècle plus tard" (244).

Surtout, ce mouvement de fond sera aussi à l'origine de l'introduction dans les campagnes d'une nouvelle mentalité, celle du bourgeois manieur d'argent, celle de l'homme d'affaires accoutumé à placer ses fonds, saisir ses gains et prévoir ses pertes. Comme leurs autres affaires, la "maison des champs" devait, elle aussi, devenir source de revenu.

La mise en valeur de ces domaines, dont les propriétaires passent le plus clair de leur temps en ville et qui souvent possèdent trop de terres, trop dispersées, pour les exploiter toutes en personne, se fera généralement selon deux systèmes. Certains, ceux en général de petits propriétaires aimant à consommer les produits de leur terre, seront morcelées en plusieurs exploitations confiées chacune à un petit paysan, la rente prenant la forme d'un partage des récoltes (et souvent d'un pressurage outrancier du tenancier) impliqué presque obligatoirement par la faiblesse des moyens financiers des métayers. La solution était avantageuse en période d'instabilité des prix mais n'était pas adaptée aux exigences d'une économie de marché, celle qui, à la faveur de la hausse de la rente foncière stimulée par la terrible faim des villes et l'essor démographique, va se développer à partir du XVIIIème siècle.

Les domaines vont alors faire l'objet d'une prise à bail par un fermier, qui souvent aussi sera le collecteur des droits seigneuriaux, les fermages étant stipulés en argent. L'habitude était ancienne

---

244. MASSE (P.), Sur l'histoire rurale française - Deux monographies, *Revue des Annales d'Histoire Economique et Sociale*, 1960, p. 355.

déjà, elle avait été prise dès le XIIIème siècle avec la transformation progressive de la seigneurie féodale (245).

Ces fermiers, riches laboureurs, mais aussi marchands, receveurs de droits seigneuriaux, procureurs fiscaux, formant de véritables dynasties rurales s'appuyant sur des relations de cousinage, étaient à la tête d'importantes entreprises de culture, propriétaires du capital d'exploitation qu'ils mettaient à la disposition du (et bientôt des) propriétaire(s) noble, clerc ou bourgeois dont ils prenaient les terres à bail. Ils y sont solidement campés d'ailleurs et ont su arracher à leurs propriétaires des conditions de fermage généralement favorables. La puissance, la richesse, l'indépendance vis à vis de la classe des propriétaires de cette fermocratie en feront les maîtres du monde villageois, les "matamores" de la campagne (246). Ils accaparent les terres, dominent la masse des petits cultivateurs et des "manouvriers" qu'ils emploient à l'occasion, un petit peuple grossi et prolétarisé par les effets de l'essor démographique (247).

L'abri de ces grandes surfaces fut favorable, fut indispensable, à l'introduction et l'éclosion des nouvelles cultures, qui caractérisèrent les débuts timides (et controversés) de la première révolution agricole en France (248). Un peu plus tôt, imitant l'initiatrice que fut la Flandre, l'Angleterre avait profondément transformé ses structures de production dans un mouvement général vers l'intensification de leur gestion confiée à des fermiers-

---

245. BLOCH (M.), *Les caractères originaux de l'histoire rurale française*, op. cité, p. 104-105.

246. V. p. ex. JESSENE (J.P.), Le pouvoir des fermiers dans les villages d'Artois, *Revue des Annales d'Histoire Economique et Sociale*, 1983, p. 702 ; VENARD (M.), Une classe rurale puissante au XVIIème siècle : les laboureurs au sud de Paris, *Revue des Annales d'Histoire Economique et Sociale*, 1955 p. 517 ; LE ROY LADURIE (E.), in *Histoire de la France rurale*, op. cité, vol. II, p. 440-441.

247. LE ROY LADURIE (E.), in *Histoire de la France rurale*, op. cité, vol. II, p. 438-440.

248. LE ROY LADURIE (E.), Un modèle septentrional : les campagnes parisiennes (16ème-17ème siècle), *Revue des Annales d'Histoire Economique et Sociale*, 1975, p. 1397, en particulier p. 1412-1413.

entrepreneurs. Et cette intensification signifiait la prohibition de la jachère au profit de la culture des fourrages tout d'abord, trèfle, luzerne, sainfoin, navet turneps, puis bien plus tard de la pomme de terre et enfin de la betterave sucrière, la soustraction des domaines à la dépaissance collective ce qui impliquait leur enclosure, le partage des communaux, la suppression des servitudes collectives telle la vaine pâture obligatoire. Ces méthodes "modernes", individualistes plutôt, d'administra-tion des patrimoines ruraux, qui allaient directement à l'encontre de toute la culture collective de la petite paysannerie, qui mettaient l'existence de cette dernière en danger, furent peu à peu, par touches très lentes, importées sur le continent où, la pression démographique et la croissance du revenu agricole aidant, l'on s'était mis à croire à la terre comme source de profit. Une série de dispositions juridiques traduira alors rapidement l'attention que portait l'administration royale aux efforts des agronomes de la nouvelle école (249).

C'est qu'au milieu de XVIIIème siècle, une nouvelle génération d'administrateurs, profondément imprégnée des idées nouvelles, allait accéder aux postes importants. M. BLOCH ne manque pas de le remarquer (250), beaucoup d'intendants de généralité lui appartiennent (TURGOT en était), mais surtout, c'est aux Finances, là où se décident alors les choses de l'agriculture, que la relève va progressivement mettre en place les premières mesures de la "nouvelle agronomie".

En effet, durant tout le XVIIIème siècle, ou presque, la question agricole va dépendre, au même titre que d'autres questions économiques, de l'autorité du Contrôle Général (l'équivalent en quelque sorte de notre moderne ministère des Finances). De nombreuses raisons motivaient ce choix.

D'une part, le problème très complexe et fort controversé de l'approvisionnement frumentaire de la population était trop

---

249. Sur ces points, v. BLOCH (M.), La lutte pour l'individualisme agraire dans la France du XVIIIème siècle, *Revue des Annales d'Histoire Economique et Sociale*, 1930, p. 329 (1ère partie) et 511 (2ème partie) ; v. également *Les caractères originaux de l'histoire rurale française*, op. cité, p. 200 et s..

250. BLOCH (M.), La lutte pour l'individualisme agraire dans la France du XVIIIème siècle, art. cité, p. 350 et s..

important, avait trop d'implications politiques, financières et économiques pour échapper au Contrôleur Général des Finances, poste clé de l'ancienne administration royale. D'autre part, la tutelle des communautés "locales" relevait administrativement du Contrôle Général, pour des raisons fiscales essentiellement (en particulier la répartition de la taille) ; or, en pratique, l'exécution des directives agricoles reposait sur ces communautés.

Surtout, les grands travaux agricoles, défrichements et assèchements de marais, étaient toujours assortis d'exonérations fiscales importantes, exonérations traditionnelles d'ailleurs car on en trouve trace déjà aux XVIème et XVIIème siècles (251). Un arrêt du Conseil du 16 août 1761, applicable dans dix-huit Généralités, exemptera pendant dix ans de taille, de vingtième et autres impositions le défrichement des terres réputées incultes car non cultivées depuis plus de vingt ans. Puis en 1764, une déclaration royale exempte de taille, dîme et autres impositions, pendant une durée de vingt ans cette fois, les dessèchements de marais et autres terres inondées. Enfin, en 1766, revenant aux défrichements, une déclaration royale du 13 août élargit les privilèges fiscaux des défrichements : l'exemption est portée à quinze ans, elle est applicable à la dîme, surtout elle vise désormais l'ensemble du royaume, avec des adaptations locales. Les opérations en cause furent le fait pour l'essentiel des grands propriétaires aristocrates ou bourgeois, assistés de solides apporteurs de capitaux. L'opération n'en connut pas pour autant un énorme succès en terme de surfaces nouvelles apportées aux cultures, bien au contraire (252). Pourtant, ces dispositions ne manqueront pas d'être reprises plus tard par la contribution foncière.

---

251. En fait, dès les grands défrichements des XI et XIIèmes siècles, l'octroi de franchises aux défricheurs par le roi ou l'aristocratie fut l'un des moyens utilisé pour attirer des colons vers les "déserts" qu'étaient les forêts ou les marais de cette époque d'intense expansion démographique ; v. sur ces points, FOURQUIN (G.), in *Histoire de la France rurale*, op. cité, vol. I p. 431 et s., p. 482 et s..

252. Sur ces points, v. les observations de LABROUSSE (E.), in *Histoire économique et sociale de la France*, op. cité, pp. 418-432.

En 1759, BERTIN fut nommé Contrôleur Général, il allait le rester jusqu'en décembre 1763. Secondé par TRUDAINE (l'homme du réseau routier), il s'intéressa vivement et avec pragmatisme aux affaires de l'agriculture qui relevaient de ses attributions régulières. Les deux hommes étaient agromanes, au fait des métamorphoses qui affectaient la campagne anglaise, et partisans de la liberté économique. M. BLOCH remarque avec finesse à ce propos que TRUDAINE était un ancien collaborateur de GOURNAY, l'ancien Intendant, fort libéral, du Commerce. Ajoutons à cela qu'il avait aussi exercé des fonctions d'intendant de généralité (en particulier en Auvergne) et s'était plus particulièrement préoccupé des délicats problèmes de répartition de la taille (253). En janvier 1761, un Comité de l'Agriculture, plus ou moins officieux et dont les fonctions étaient surtout consultatives, vit le jour (254). A partir de 1764 (entre-temps BERTIN avait quitté les finances et avait été nommé Secrétaire d'Etat, chargé principalement de l'agriculture, fonction qu'il occupa jusqu'en 1780), les deux hommes préparèrent avec force prudence et empirisme un projet de déclaration royale, qui sera soumis à enquête auprès des intendants de généralité, autorisant les particuliers, sous diverses conditions, à mettre en défens une partie de leurs biens. Ce projet ne fut cependant jamais adopté.

Car en fait, BERTIN avait quasiment été dessaisi ; les affaires relatives aux défrichements, dessèchements de marais, aux communaux, à la vaine pâture, lui avaient échappé au profit du bureau des Impositions que dirigeait d'ORMESSON, d'une main fort vigoureuse d'ailleurs. Alors qu'en 1768 le Comité de l'agriculture de BERTIN s'interrogeait encore sur l'opportunité du droit d'enclore, plusieurs édits préparés par d'ORMESSON avaient d'ores et déjà accordé ce droit dans quatre provinces, et cela sans guère de restrictions. Pendant que les conseillers de BERTIN dépouillaient les résultats de l'enquête lancée par le ministre, celle

253. MASSALOUX (J.P.), Les impôts directs sous l'administration de Trudaine, intendant d'Auvergne, in *Etudes et documents - 1990 II*, COMITE POUR L'HISTOIRE ECONOMIQUE ET FINANCIERE DE LA FRANCE, Paris, Imprimerie Nationale, 1990, 585 p., p. 183.

254. BLOCH (M.), La lutte pour l'individualisme agraire dans la France du XVIIIème siècle, art. cité, p. 352-353.

de d'ORMESSON était en cours. BERTIN n'apprit sa mésaventure qu'en 1769 au hasard du contreseing ministériel requis par la publication de l'édit, préparé par d'ORMESSON, autorisant la clôture et abolissant le parcours en Champagne, ce qui déclencha une guerre pichrocholine des bureaux ; elle se termina au bout du compte par la victoire du ministre qui obtiendra enfin gain de cause en décembre 1773 (255).

Cependant, comme à l'habitude, les bureaux des finances ne s'étaient pas résignés à leur échec. En 1779, d'AILLY, ancien premier commis de d'ORMESSON, repartit à l'assaut. Avec l'appui de NECKER qui n'appréciait guère BERTIN, les attributions du bureau des Impositions s'enrichirent à nouveau des affaires de défrichement, de dessèchement et de partage des communaux. BERTIN, découragé, se retira en 1780 et sa charge sera supprimée. Entre 1783 et 1788, les affaires de l'agriculture formèrent alors, avec celles des impositions, un département spécial, placé sous l'autorité du Contrôleur Général, dont la direction fut confiée à VERGENNES. En 1785 fut institué un nouveau comité consultatif qui très rapidement se saisira, sur l'initiative du duc de LIANCOURT et de LAVOISIER, de la question fort controversée des clôtures. Finalement, "c'est à la révolution qu'il devait être réservé de donner à ces efforts de d'ORMESSON et de son entourage leurs conclusions naturelles" (256).

Cette nouvelle politique agricole ne manqua pas de provoquer de nombreux troubles et même révoltes paysannes. Faut-il s'en étonner, elles se dessinent surtout dans les régions du nord-est, c'est-à-dire les grands pays céréaliers du royaume, les plus progressistes, là où l'offensive individualiste des propriétaires fonciers avait peut-être été la plus forte, avec son cortège de querelles et d'exactions. L'exaspération du paysan y prendra la forme ancienne de l'antiféodalisme, vieux langage bien connu, tout

---

255. Sur ces points et sur l'oeuvre respective des deux grands commis, v. BLOCH (M.), La lutte pour l'individualisme agraire dans la France du XVIIIème siècle, art. cité, p. 350 et s. ; MOSSER (F.), *Les intendants des finances au XVIIIème siècle*, Genève, Droz, 1978, 327 p., p. 167-173.

256. BLOCH (M.), La lutte pour l'individualisme agraire dans la France du XVIIIème siècle, art. cité, p. 379-381.

simplement "parce que le langage anticapitaliste n'a pas trouvé encore son vocabulaire" (257). Ces remuements exprimaient le profond désarroi des communautés villageoises qui réclamaient le maintien ou le retour des coutumes collectives, coutumes dont les velléités de réintroduction de force au début de la révolution se heurteront à l'opposition farouche d'une bourgeoisie imprégnée des nouvelles idées individualistes. Les assemblées révolutionnaires, malgré une multitude de tentatives, ne feront aucune place aux projets de restauration des coutumes collectives, bien au contraire, elles confirmeront et généraliseront rapidement les mesures datant de l'administration royale (258).

Ces tribulations administratives témoignent à l'évidence du degré de connaissance des choses de l'agriculture que possédait l'administration fiscale du roi, une compétence qui ne manquera pas d'être transmise à celle des régimes politiques qui vont lui succéder. Car les hommes issus des bureaux du fisc royal seront aussi ceux qui hanteront plus tard les couloirs de l'administration révolutionnaire et surtout impériale, c'est à dire ceux qui vont effectivement mettre en place la contribution foncière.

L'oeuvre fiscale de la Constituante n'eut en effet pas l'écho qu'elle méritait, faute (elle fut lourde) pour l'illustre assemblée d'avoir créé une véritable administration financière et un vrai cadastre. D'expédients en palliatifs de tous poils, une dizaine d'années suffirent pour jeter presque à bas la réforme fiscale de 1790. C'est BONAPARTE qui aura le mérite de concevoir une remise en ordre générale, tâche qu'il confiera à son fidèle ministre des Finances GAUDIN. A peine un mois après sa nomination, ce

---

257. BRAUDEL (F.), *Civilisation matérielle...* , op. cité, vol. II, p. 256-258 ; v. surtout LE ROY LADURIE (E.), Révoltes et contestations rurales en France de 1675 à 1788, *Revue des Annales d'Histoire Economique et Sociale*, 1974, p. 6 ; CHARTIER (R.), *Les origines culturelles de la Révolution française*, Paris, Le Seuil, 1990, 245 p., en particulier p. 173 et s..

258. BLOCH (M.), *Les caractères originaux de l'histoire rurale française*, op. cité, pp. 240-243 ; AGULHON (M.), in *Histoire de la France rurale*, op. cité, vol. III 571 p., en particulier p. 28 et s. ; sur le point plus spécial du maximum des fermes qui posait le problème de l'accaparement des terres par la classe des fermiers, v. ABERDAM (S.), Sur le maximum des fermes - 1792-1794, in *Etat finances et économie pendant la Révolution française*, op. cité, p. 429.

dernier créait la direction des contributions directes en décembre 1799 pour, en 1802, s'attaquer à ce qui sera l'un de ses travaux d'Hercule, le cadastre (259). Cet intérêt pour le problème majeur posé par la foncière n'est pas étonnant ; GAUDIN était en effet entré dès l'âge de dix-sept ans dans les bureaux de d'AILLY, alors premier commis du bureau des Impositions que dirigeait d'ORMESSON, lui-même aux prises avec BERTIN. Sa formation était non seulement fiscale mais encore, par la force des choses, rurale. La passion, le mot n'est pas trop fort, du duc de GAETE pour le cadastre, avec toutes les implications de politique agricole que postulait l'élaboration de ce dernier, trouve ici une explication de premier ordre. Il n'était d'ailleurs pas le seul dans ce cas. LEGRAND et HENNET, qui tous deux participèrent à la mise en place des impôts établis par la Constituante, étaient eux aussi issus du fameux bureau royal des Impositions ; le premier, entré dans ce service en 1782 en qualité de sous-chef, prendra sa retraite en 1821 comme premier commis des contributions directes ; le second débutait sa carrière en 1779 comme surnuméraire et la terminera près de quarante années plus tard comme commissaire royal au cadastre (260).

En définitive, considérée sous cette nouvelle perspective, la physiocratie apparaît, derrière son esprit de système, comme la manifestation intellectuelle et sentimentale d'une grande vague de fond, la révolution agraire. Rappelons que F. QUESNAY était lui-même fils de fermier, ami des "gros laboureurs" ; dans ces conditions, la complicité qui liait l'école physiocratique à la classe des grands propriétaires terriens et des entrepreneurs de culture n'est plus guère surprenante. Les écrits des physiocrates et de nombre de leurs contemporains, en particulier des premiers économistes libéraux, répondent en fait, au plan des idées, aux

---

259. BRUGUIERE (M.), Napoléon, créateur de l'administration fiscale, in *Pour une renaissance de l'histoire financière : XVIIIème-XXème siècle*, COMITE POUR L'HISTOIRE ECONOMIQUE ET FINANCIERE DE LA FRANCE, Paris, Imprimerie Nationale, 1992, 572 p., p. 179.

260. BRUGUIERE (M.), L'administration des finances de Louis XVI à Bonaparte : ruptures et continuités, in *Pour une renaissance de l'histoire financière*, op. cité, p. 285, en particulier p. 297 et s. ; v. également, Napoléon, créateur de l'administration fiscale, art. cité, p. 181.

tentatives de grandes et moyennes cultures, avec rente foncière, fermiers, et abandon de la jachère, mises en oeuvre suivant le modèle flamand puis anglais, d'abord très timidement pendant le XVIIIème siècle puis beaucoup plus vigoureusement par les "agromanes" de la Restauration et de la Monarchie de Juillet, ceux qui alors rempliront "le rôle de catalyseurs, de diffuseurs de l'agriculture moderne" (261). Comme l'écrivait E. LE ROY LADURIE, ces efforts visaient d'abord à mieux répondre aux stimulations du marché, c'est-à-dire en fin de compte à la faim des villes, aux besoins grandissants de l'urbanisation et de la consommation (262).

Ces quelques constatations (que l'on pourrait multiplier) nous interpellent directement. En effet, au travers de l'imposition de la rente foncière après 1790, l'on assiste à l'une des premières cristallisations historiques de l'opposition entre propriété foncière et unité économique de l'exploitation agricole. Mais quel était le but ainsi poursuivi ? La réponse paraît évidente ; tirant profit de la rupture (provisoire) de l'alliance stratégique entre gros fermiers, noblesse et clergé, le législateur révolutionnaire, au travers de l'imposition de la rente foncière du propriétaire, va en fait trouver dans l'impôt un moyen de privilégier directement la grande exploitation agricole dans son aspect d'unité de production intensive, ce qui accélérait le passage d'une économie de reproduction paysanne à une économie agricole ouverte de rendement. La taxe foncière se révèle ainsi comme un élément de toute une politique rurale d'ensemble, une politique qui est surtout celle des structures agraires, qui se déployait en France depuis plus de trente ans, à laquelle la Révolution bourgeoise de 1789 va donner une assise définitive malgré l'agitation des campagnes paysannes. La contribution foncière n'est-elle pas presque concomitante à la loi du 5 juin 1791, qui abolira la contrainte de sole et l'assolement obligatoire, surtout à la loi du 28 septembre 1791, celle qui enfin va proclamer le principe de la liberté de la propriété, la liberté de culture, la liberté de clôture. Ne faut-il pas la

---

261. En ce sens, AGULHON (M.), in *Histoire de la France rurale*, op. cité, vol. III, p. 116-117.

262. V. en ce sens LE ROY LADURIE (E.), in *Histoire de la France rurale*, vol. II, op. cité, p. 567.

rapprocher des divers projets de Code Rural de l'époque ou du projet de Code Civil de 1793 dont une partie (livre 3, titre IV) était consacrée au louage, pour lequel les rédacteurs prévoyaient toute une série de règles d'ordre public confortant la détention exploitative, des règles qui très certainement répondaient aux pressions qu'exerçaient les grands fermiers du Nord et du Bassin Parisien. Ces dispositions seront pour partie timidement reprises dans le Code Civil de 1804, qui pour l'essentiel, va régir le fermage et le métayage jusqu'en 1945.

Certes, les revenus de la propriété rurale étaient frappés (mais cela comportait des contreparties politiques, le paiement d'une cote d'impôt impliquant le droit de vote dans le système de suffrage censitaire qui alors sera mis en place), mais corrélativement, les bénéfices résultant de l'exploitation agricole étaient complètement exonérés ; autrement dit la taxation de la rente foncière épargnait le capital productif ce qui encourageait l'investissement et amplifiait à terme le surplus disponible. La contribution foncière dévoile ainsi au plan fiscal la vieille opposition entre deux formes de production, d'une part l'économie paysanne avec sa pulvérulence parcellaire et d'autre part la grande propriété à caractère plus ou moins capitaliste, ou du moins étroitement imbriquée dans les courants d'échanges économiques que l'on entr'apercevait depuis longtemps déjà (263).

Au bout du compte, la contribution foncière est d'abord la transposition fiscale des nouvelles attitudes sociales à l'égard de l'agriculture. En cela, elle avantageait fort logiquement la grande exploitation qui bouleversait le parcellaire et l'économie rurale traditionnelle, qui était engagée plus ou moins (les situations locales sont éminemment variables) dans la transformation des techniques agricoles, la modernisation de l'outillage et la mise en oeuvre de nouvelles cultures, métamorphose qui se concrétisera encore plus durant la première moitié du XIXème siècle.

Ces progrès se manifesteront dans l'évolution plutôt positive de la production agricole. Vers 1850, le rendement céréalier moyen a progressé de plus de 40 % par rapport au début du siècle (36 %

---

263. Et où K. MARX voyait, dans des lignes célèbres, les débuts de l'accumulation primitive du capital, in *Le Capital*, L. 1, op. cité, p. 516 et s..

pour le blé, mais ces chiffres sont fort discutés compte tenu de l'incertitude des données). Les nouvelles cultures, pommes de terre (un million d'hectares en 1845), betterave (111.000 hectares), colza (250.000 hectares), connaissent une avancée impressionnante (264). Entre 1815 et 1854, le produit brut agricole enregistre une augmentation de 41 %, croissance qui est particulièrement forte dans les régions où domine la grande propriété (+ 84 % dans le bassin parisien entre 1840 et 1852), et cela malgré une conjoncture peu favorable aux prix.

Car la répartition de ces progrès est très inégale. Quelle différence entre le bassin parisien et le nord-est où le produit agricole croît de plus de 25 % entre 1840 et 1852 et le Limousin ou la Bretagne où la hausse n'est que de 10 % (265). Deux France s'opposent comme le révèle le taux départemental des landes et jachères : au nord d'une ligne allant de Saint-Malo au lac Léman, ce taux ne dépasse jamais 28 % pour une moyenne de 19 % ; en revanche, au sud de la ligne, 39 % des terres en moyenne sont improductives (266).

La première moitié du XIXème siècle apparaît ainsi comme la période de démarrage très lent de ce qu'il est convenu d'appeler la première révolution agricole, qui à l'époque fut d'abord une révolution agraire, celle de l'individualisme agraire. Par rapport au proche XVIIIème siècle, la différence est surtout marquée par quelques progrès qualitatifs comme l'amélioration des techniques culturales (et donc des rendements), le très lent recul des jachères ou encore le progrès de l'élevage (et l'accroissement des quantités de produits fertilisants). Mais pour l'essentiel, cette révolution ne sera pas seulement celle des rendements qui certes progressent, elle sera aussi celle de la productivité du travail rural.

---

264. DESERT (G.), SPECKLIN (R.), in *Histoire de la France rurale*, op. cité, vol. III p. 134-135.

265. DESERT (G.), SPECKLIN (R.), in *Histoire de la France rurale*, op. cité, vol. III p. 138-140.

266. DESERT (G.), SPECKLIN (R.), in *Histoire de la France rurale*, op. cité, vol. III p. 135.

Déjà, dès cette première moitié du XIXème siècle, la ville "ensorcelle" le campagnard. L'exode rural démarre à partir de 1830, là encore avec de fortes variations selon les régions. Entre 1831 et 1851, "l'exode touche un minimum de 790.000 personnes" qui émigrent pour des raisons diverses : le surpeuplement de certaines régions (c'est le cas par exemple de l'Alsace et de la Lorraine ou encore de la Creuse ou des vallées alpines) est la première explication qui vient à l'esprit. Mais les progrès techniques des régions d'agriculture avancée y contribuent aussi. Surtout, les conséquences de l'abandon progressif des pratiques collectives commencent aussi à faire sentir leurs effets. Le petit peuple rural, ce monde des journaliers, micro-propriétaires, petits fermiers ou métayers "se trouve privé des droits d'usage qui lui permettaient de se chauffer gratuitement ou de nourrir la chèvre ou la vache du pauvre" (267).

Une plus grande production pour une population réduite ou pour le moins stagnante implique automatiquement des gains de productivité. P. BAIROCH (dont les thèses sont discutées), analysant l'évolution d'un indice exprimant la production agricole nette (exprimée en millions de calories directes) par actif agricole masculin (cet indice permet ainsi de rendre compte de la productivité nette du travail agricole), signale à cet égard qu'entre 1830 et 1860, la France connaît un taux moyen annuel de croissance de cet indice de 1,46, ce qui est fort important. L'indice est en 1800 de 6,5 ; en 1830, il passe à 7,9 mais en 1850, il est de 11,0 et de 12,2 en 1860 (268). En une cinquantaine d'années, la productivité du travail en agriculture aurait donc été multipliée par presque deux fois. Jamais encore l'agriculture française n'avait réalisé une telle performance en un si cours laps de temps.

Ces calculs ne sont cependant pas très démonstratifs, d'une part en raison des difficultés que présente l'évaluation très incertaine de la production agricole de l'époque, d'autre part parce que la prise en

---

267. Sur ces points, v. DESERT (G.), in *Histoire de la France rurale*, op. cité, vol. III p. 80-85.

268. BAIROCH (P.), Les trois révolutions agricoles du monde développé : rendements et productivité de 1800 à 1985, *Revue des Annales d'Histoire Economique et Sociale*, 1989, p. 317, en particulier pp. 326-336.

compte du seul travail masculin fait totalement l'impasse sur cette réalité sociale incontournable qu'est le travail des femmes et des enfants. La révolution rurale du XVIIIème siècle et de la première moitié du siècle suivant fut surtout et peut-être même seulement une révolution agraire. Elle n'était que le tout début, mais une prémisse indispensable, d'une longue métamorphose qui dure toujours, elle ne fut que la "base ou mieux, une préparation limitée quoique essentielle, aux transformations plus importantes qui étaient encore à venir" (269), celle du machinisme, celle des rendements, dont les trente dernières années sont en quelque sorte le paroxysme.

En fin de compte, la contribution foncière, comme élément de la politique rurale développée par l'Etat à partir de la seconde moitié du XVIIIème siècle, en douceur d'abord, puis, à la faveur des troubles de la Révolution, beaucoup plus rudement, a très certainement concouru à favoriser cette évolution sans toutefois qu'il soit possible de quantifier exactement cette participation. Il n'empêche, le constat est d'importance. Faut-il en effet rappeler que pour l'essentiel, la dégradation des espaces ruraux est la conséquence plus ou moins directe de ce fameux productivisme agricole, qui au fond, du point de vue économique, s'analyse avant tout comme un mécanisme d'intensification du facteur travail. La réponse à notre question du départ se trouverait donc là. *La taxe foncière semble participer à la dégradation de notre environnement en ce qu'elle privilégie, au sein de l'entreprise agricole, les combinaisons des facteurs de production où l'intensification du facteur travail est la plus forte*.

Ce processus semble encore à l'oeuvre aujourd'hui. Et pour preuve, pourquoi les revenus cadastraux sont-ils inversement proportionnels à la valeur ajoutée obtenue par l'exploitant, qui elle-même dépend de l'organisation technique de l'exploitation, pourquoi la charge fiscale à l'hectare exploité est-elle d'autant plus faible que l'exploitation est plus grande ?

---

269. MINGWAY (G.E.), *The agrarian History of England and Wales*, vol. 6, 1750-1850, cité par MORINEAU (M.), Ruralia, chronique in *Revue Historique*, 1991, n° 580, p. 359.

Voila qui est tout de même assez étonnant. Car enfin, comment se fait-il que cette vieille mécanique à intensifier le travail par la détaxation du capital d'exploitation, cette antiquité fiscale plus ou moins trafiquée et totalement surannée, soit encore susceptible de produire de tels effets ? Surtout, comment fonctionne-t-elle dans un contexte économique si différent de celui sous lequel elle avait été imaginée par la première véritable école économique puis mise en oeuvre par les sages (qui ne l'étaient guère) de la Constituante ? C'est ce qu'il nous reste à expliquer.

CHAPITRE III

LA MACHINE FISCALE DU SIECLE DES LUMIERES FACE A NOTRE ENVIRONNEMENT RURAL

La France rurale est depuis toujours le pays des pays, l'illustration par nature de la diversité des terroirs et des hommes, de leurs blés, de leurs vins, de leurs fromages, c'est le paradis des contrastes qui lui confèrent un charme puissant et un indéfinissable plaisir de vivre. Cette image trouve son reflet dans les structures foncières, celle de la propriété du sol. La France n'est pas une nation de petits paysans, la patrie de la petite propriété, elle n'est pas non plus celui de la grande propriété plus ou moins capitaliste, la France est un lieu où se rencontrent tous les types de propriétés et tous les modes de faire-valoir. C'est une France de la variété, du contraste, de la disparité, où se côtoient allègrement la grande et la petite propriété, le fermage, le métayage et le faire-valoir direct.

Cette dissemblance n'en cache pas moins d'étonnantes continuités, à la fois dans le temps et dans l'espace.

Dans l'espace, l'inertie des structures agraires semble forte comme le montre l'évolution de la répartition territoriale des petites, moyennes, grandes et très grandes exploitations entre 1942 et 1980. Il est vrai que la France est passée d'un système de petites exploitations à un système d'exploitations en général moyennes, d'une superficie de l'ordre de 20 à 50 hectares. Mais les grandes exploitations sont restées concentrées dans le bassin parisien, le nord, le nord-est et le nord-ouest de la France. Et le tout dessine en quelque sorte une suite d'anneaux plus ou moins concentriques autour de Paris où se suivent successivement, celui des très grandes, puis des grandes, et enfin des moyennes exploitations (Cf. carte 7).

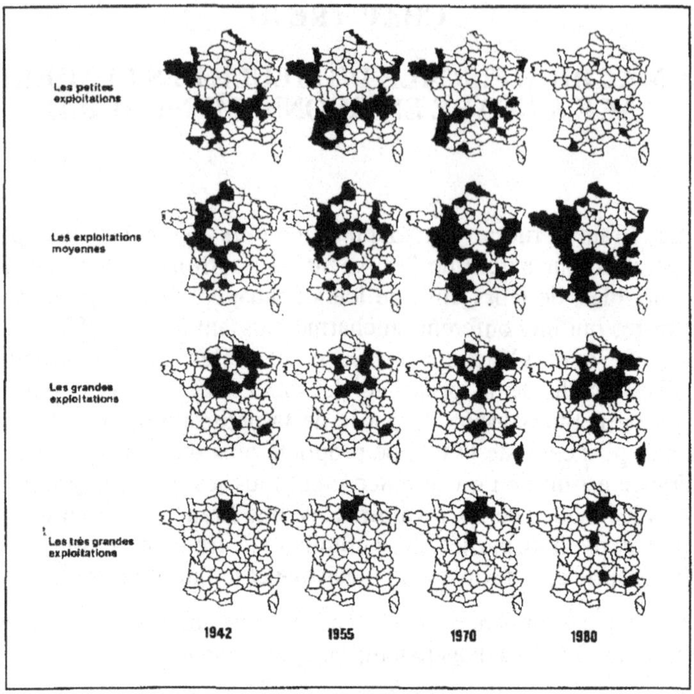

Carte 7 : Evolution des exploitations 1942-1980.
Source : DATAR, Atlas de l'aménagement du territoire, Paris, Doc. Française, 1988, 368 p., p. 30.

L'image est familière car elle reflète en gros tout bonnement celle de la répartition des modes de faire-valoir. Aux anneaux des grandes et très grandes propriétés correspond une prédominance nette du fermage. Dans le dernier anneau, le plus éloigné de Paris, la suprématie du faire-valoir direct est affirmée. Il englobe l'essentiel des départements du sud-ouest et sud-est de la France, la France méridionale des propriétés paysannes et des petites tenures. L'image est ancienne aussi, elle n'est guère différente de la structure des systèmes agraires du milieu du XIXème siècle ou du début des années 1930, celle d'une France partagée en système de propriété paysanne, de fermage et de grandes exploitations (le plus souvent en location) (Cf. cartes 8 a, b, c).

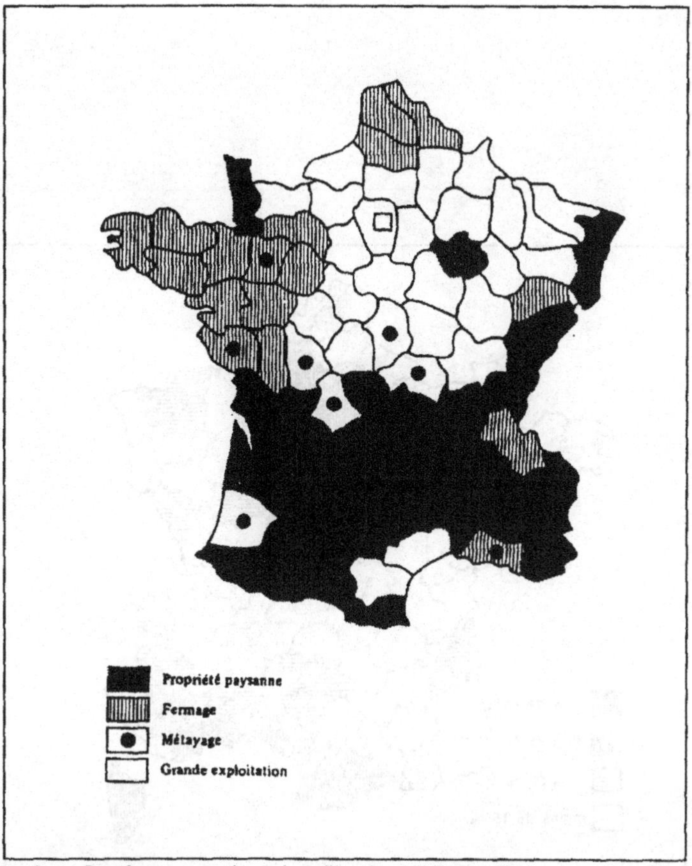

Carte 8 a : Systèmes agraires du milieu du XIXème siècle.
Source : TODD (E.), La nouvelle France, cité in Conseil des Impôts, Dixième rapport relatif à la fiscalité locale, op. cité, p. 204.

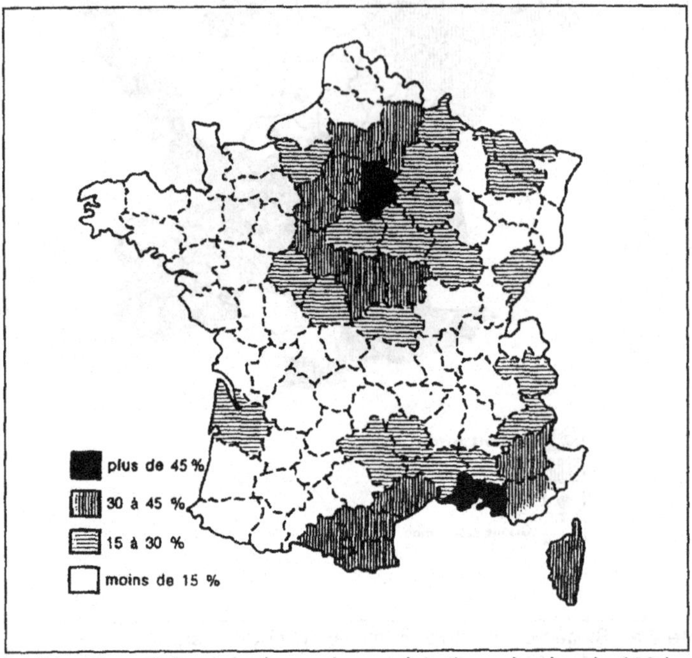

Carte 8 b : Superficie occupée par les exploitations de plus de 100 ha en 1929
Source : Histoire de la France rurale, op. cité, vol. IV, p. 196-197.

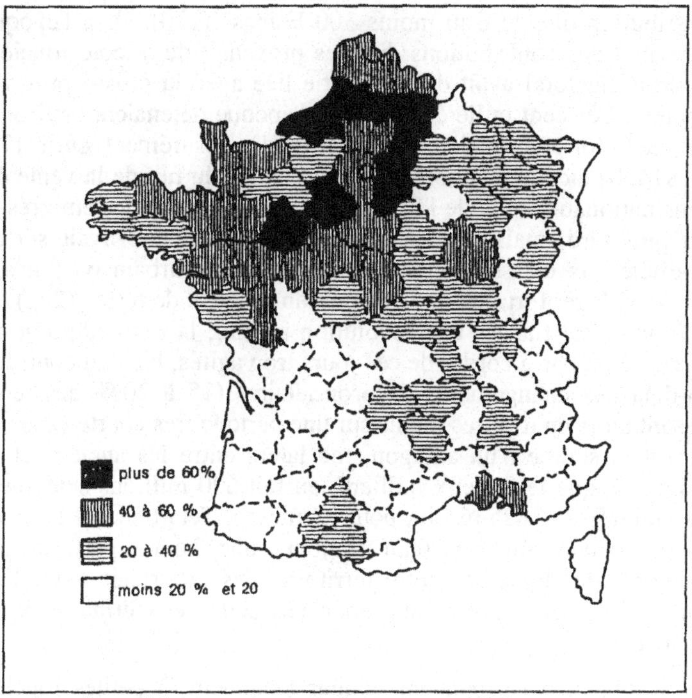

Carte 8 c : Superficie occupée par le fermage en 1929.
Source : Histoire de la France rurale, op. cité, vol. IV, p. 196-197.

Cette série d'observations est une merveilleuse invite à nous glisser une fois de plus dans les brumes du passé.

Nous l'avons remarqué déjà (ou plutôt E. LABROUSSE), à la fin du XVIIIème siècle, 10 % des Français au plus possédaient pour le moins 50 % des propriétés rurales et disposaient de 90 % de la rente foncière. La situation n'avait guère évolué après la Révolution.

Après 1814 (mais aussi durant la période révolutionnaire déjà), seules les plus grandes propriétés conféraient "le droit actif de participer à la vie publique. Il faut, pour être électeur aux élections législatives, avoir au moins trente ans d'âge et payer une contribution directe d'au moins 300 Francs" (270). Or à l'époque, l'essentiel des contributions directes provenait de la cote foncière. Le droit électoral avait de fait partie liée avec la grosse propriété foncière. Les cent mille électeurs de l'époque détenaient environ le tiers de la fortune foncière nationale (271). Assurément, entre 1789 et 1814, beaucoup de choses avaient changé du fait de la vente des biens nationaux, ceux de l'Eglise tout d'abord, ceux des émigrés un peu plus tard, mais cette énorme braderie foncière avait surtout bénéficié aux classes nanties, riche bourgeois urbain ou puissant coq de village, fort peu au petit paysan assoiffé de terres (272). La Révolution ne fut pas une révolution agraire, la redistribution des terres n'était pas à l'ordre de ces jours trop agités, bien au contraire. Au-delà des changements de propriétaires (15 à 20 % des terres passent alors en d'autres mains sur une période très courte (273), ce qui fut la source d'un antagonisme latent entre les anciens et les nouveaux, que le fameux milliard, en fait 600 millions seulement, des émigrés de 1825 résolut pour le mieux), c'était en fait la même classe sociale qui contrôlait toujours une bonne part, la part majeure sans doute, de notre territoire, des propriétés exploitées, comme au siècle précédant, pour l'essentiel en fermage ou en métayage.

Le tableau va cependant bouger lentement, à petites touches. Dès la première moitié du XIXème siècle, le nombre de cotes foncières augmente ce qui implique un morcellement de la propriété. Certes, le hachoir à propriété qu'est le principe d'égalité des héritiers posé par le Code Civil est déjà à l'oeuvre. Surtout, la soif de terres, la concurrence des ruraux pour l'accès à cette dernière, a provoqué une hausse de la valeur vénale des biens-fonds ruraux favorisée par la hausse constante des prix agricoles

---

270. AGULHON (M.), in *Histoire de la France rurale*, op. cité, vol. III, p.87.

271. Selon AGULHON (M.), in *Histoire de la France rurale*, op. cité, vol. III, pp. 88-91.

272. En ce sens, AGULHON (M.), in *Histoire de la France rurale*, op. cité, vol. III, pp. 29-32.

273. GASPERINI (E.), GUICHARD (J.P.), Le capital et les revenus fonciers en France depuis deux siècles, in *Un droit inviolable et sacré : la propriété*, op. cité, p. 72.

jusqu'aux environs de 1870-1880. Il s'en est suivi une stagnation sinon une baisse de la rente foncière et une réorientation très graduelle des patrimoines urbains vers des placements financiers beaucoup plus fructueux comme les rentes d'Etat ou les valeurs mobilières. De grands domaines vont être mis sur le marché foncier, occasionnant des plus values intéressantes pour leurs propriétaires, domaines qui seront morcelés. La déroute des rentiers sera accentuée par la grave crise qui va frapper l'économie agricole après 1880. La rente décroît alors d'une manière importante, le capital fond, le désengagement s'accélère (274). Finalement, "frappant le revenu des rentiers du sol et des petits propriétaires, la crise a rendu possible une amorce de regroupement de la terre et de concentration des exploitations entre les mains d'un nombre réduit d'agriculteurs, renforçant ainsi la puissance de la bourgeoisie paysanne" (275), c'est à dire pour l'essentiel celle des gros fermiers (276).

A la veille de la Grande Guerre, la France présentera un visage contrasté. 85 % des exploitations cultivent moins de 10 hectares, mais en terme de surfaces, cela ne représente guère plus de 25 % du sol cultivé. A l'inverse, les exploitations de plus de 10 hectares détiennent 75 % de l'espace cultivé et celles de plus de 40 hectares (soit 2 % des exploitations) cultivent 45 % des surfaces agricoles (277).

Le XXème siècle sera celui de la concentration progressive des surfaces cultivées au profit d'une exploitation familiale qui croît continuellement en taille.

En 1950, le rachat de terres par les agriculteurs, surtout petits, avait fait en sorte que près de 58 % de la S.A.U. était exploitée en faire-valoir direct, taux variable selon les départements bien

---

274. V. DESERT (G.), in *Histoire de la France rurale*, op. cité, vol. III pp. 402-404.

275. DESERT (G.), in *Histoire de la France rurale*, op. cité, vol. III p. 407.

276. En ce sens, v. JUILLARD (E.), La genèse des paysages agraires, *Revue des Annales d'Histoire Economique et Sociale*, 1961, p. 995.

277. FURIA (D.), SERRE (P.C.), *Techniques et sociétés*, Paris, A. Colin, 1970, 447 p., p. 250.

entendu. Cependant, trente années plus tard, le taux du faire valoir n'était plus que de 52 %, encore moins aujourd'hui.

Que s'est-il passé ? L'explication est somme toute très simple. La vente progressive des terres bourgeoises avait permis leur rachat par les agriculteurs. L'exode rural qui marque de sa rude empreinte tout notre siècle et surtout les trente glorieuses années du productivisme rural va provoquer leur vente, mais surtout la location de ces parcelles par leurs héritiers. Le faire-valoir direct pur comme le fermage pur ont régressé au profit des modes d'exploitation mixtes. Et les exploitations où prédomine le fermage voient leur nombre progresser plus vite que celles ou l'emporte le faire-valoir direct (278). A ce propos, D. BARTHELEMY observe fort justement que la lutte pour l'accès à la terre avait changé de nature. L'intégration croissante de l'agriculture à une économie marchande impliquait une augmentation maximum de la productivité des exploitations agricoles, c'est à dire une accélération de l'investissement en capital d'exploitation. Comme on le sait, le rythme soutenu de l'investissement productif allait se charger d'éliminer graduellement les exploitations les moins productives. Cela alimentait le processus progressif de transfert de l'usage des superficies libérées vers des classes d'exploitation de taille immédiatement supérieure (279). La réforme, dans les années 1970, du statut du fermage, dans un sens plus économique que social, la création des baux ruraux à long terme et autres groupements fonciers agricoles, en stabilisant, en consolidant la situation du locataire, de l'exploitant des terres, évitera l'immobilisation de capitaux dans l'investissement foncier (280).

Ainsi, en définitive, le développement du fermage était la résultante de trois facteurs. Un facteur structurel tout d'abord, à

---

278. V. sur ces points GERVAIS (M.), JOLLIVET (M.), TAVERNIER (Y.), in *Histoire de la France rurale*, op. cité, vol. IV, pp. 225-234 en particulier p. 228-229.

279. BARTHELEMY (D.), Propriété foncière et lutte de classe, *Economie Rurale*, 1977, n° 118, p. 47.

280. BARTHELEMY (D.), BARTHEZ (A.), Propriété foncière, exploitation agricole et aménagement de l'espace rural, *Economie Rurale*, 1978, n° 126, p. 6.

savoir la désappropriation des terres du fait pour l'essentiel de l'exode rural. Un effet de concurrence entre agriculteurs ensuite car plus la densité d'agriculteurs est importante, plus la concurrence pour les surfaces d'exploitation se traduit par le développement du faire-valoir direct et la hausse des prix de la terre (il s'agit en général des départements à prépondérance rurale caractérisés par la faiblesse des secteurs non agricoles, l'Ouest, le Sud-Ouest et le Midi par exemple). Un effet urbain enfin, dans des cas plus limités cependant, car la rétention des terres et leur location dénotent des espoirs de plus-values liées à un changement d'usage (281).

Quel fut le rôle joué par la taxe foncière dans cette affaire ? Assez curieusement, il semble que nul ne se soit jamais posé la question. Assurément, les juristes comme les économistes ou les sociologues ont parfois souligné le rapport existant entre la taxe sur le foncier non bâti et la théorie économique de la rente foncière, ils se sont néanmoins beaucoup moins intéressés aux éventuelles relations susceptibles de s'établir entre le revenu cadastral, le support nécessaire de la taxe foncière, celui qui révèle le mieux l'usage des biens fonciers, et l'espace rural. Or, faut-il s'en étonner, ces relations existent et sont pleines de sens.

Le point de départ de ces réflexions est constitué par un fait bien connu aujourd'hui ; la sous-évaluation des valeurs locatives par rapport aux loyers réels des terres est en effet notoire. Le Conseil des Impôts relève ainsi (282) que le rapport entre la valeur locative et le loyer réel, calculé dans 82 départements pour le groupe des terres et des prés au 1er janvier 1986, était égal à environ 0,6. En d'autres termes, les valeurs locatives actuelles sont, en moyenne nationale, inférieures à 60 % du montant des loyers réels. Ce rapport s'est d'ailleurs considérablement dégradé depuis 1978. A cette date, il était de 77 %, soit une aggravation de l'écart moyen de l'ordre de 22 %.

Le phénomène trouve deux sortes d'explications. La première tient tout simplement à l'ancienneté des évaluations qui ne permet

---

281. En ce sens BRUN (A.), L'évolution du prix de la terre et de la répartition de la propriété foncière agricole, *Economie Rurale*, 1973, n° 95, p. 3.

282. CONSEIL DES IMPOTS, *Dixième rapport au Président de la République relatif à la fiscalité locale*, op. cité, p. 199.

pas de prendre en compte le niveau actuel des fermages et l'évolution du marché locatif local. Rappelons que les valeurs locatives actuelles ont été évaluées initialement en 1961 par rapport à des baux qui sont figés dans le cadre du statut du fermage. Or, comme on le sait, l'évolution du marché locatif local est pour l'essentiel dépendante de la demande de terres et des nouvelles conditions de mise en valeur des sols. En d'autres termes, les valeurs cadastrales forment aujourd'hui une photographie de l'économie agricole du début des années 1960, un portrait qui n'a guère de rapport avec les réalités techniques et économiques actuelles.

La deuxième cause de la sous-évaluation des valeurs locatives réside tout simplement dans l'insuffisante fiabilité de la référence aux baux. L'évaluation des valeurs cadastrales sur la base des loyers moyens présente en effet de très importants inconvénients (voir sur ce point nos observations supra), en particulier dans les régions où le faire-valoir direct est prédominant. D'ailleurs, lorsque l'on projette sur une carte le rapport entre la valeur locative et le loyer réel à l'hectare au 1er janvier 1986, on s'aperçoit que grosso modo la zone pour laquelle ce rapport est inférieur ou égal à 60 %, part à peu près de la Bretagne pour descendre dans le Sud-Ouest et remonter ensuite vers le Nord-Est de la France, formant approximativement un énorme V dont la pointe se trouverait au centre des Pyrénées (Cf. carte 9), et qui englobe l'essentiel des départements du midi de la France, là où justement les taux d'imposition de la taxe sont aussi les plus élevés.

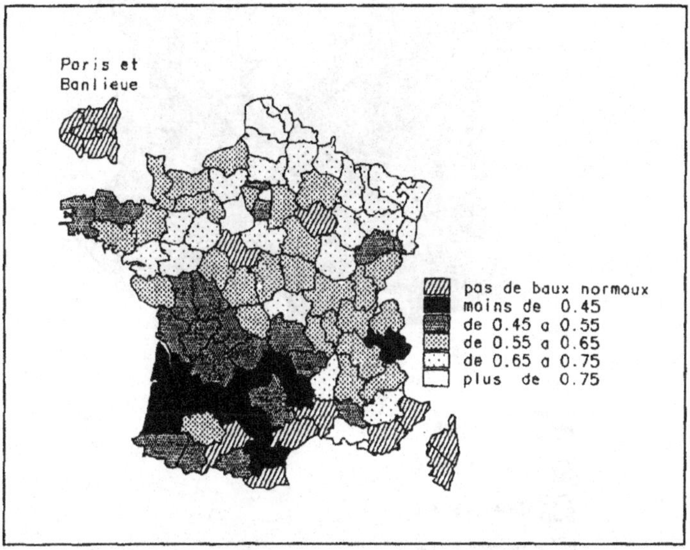

Carte 9 : Rapport entre la valeur locative et le loyer réel à l'ha pour le groupe des terres et des prés au 1er janvier 1986.
Source : Conseil des Impôts, Dixième rapport relatif à la fiscalité locale, op. cité, p. 200.

Comment ne pas remarquer une analogie certaine avec celle relative à la S.A.U. départementale exploitée en faire-valoir direct en 1980 où, là encore, on retrouve cette forme grossière en V (Cf. carte 10).

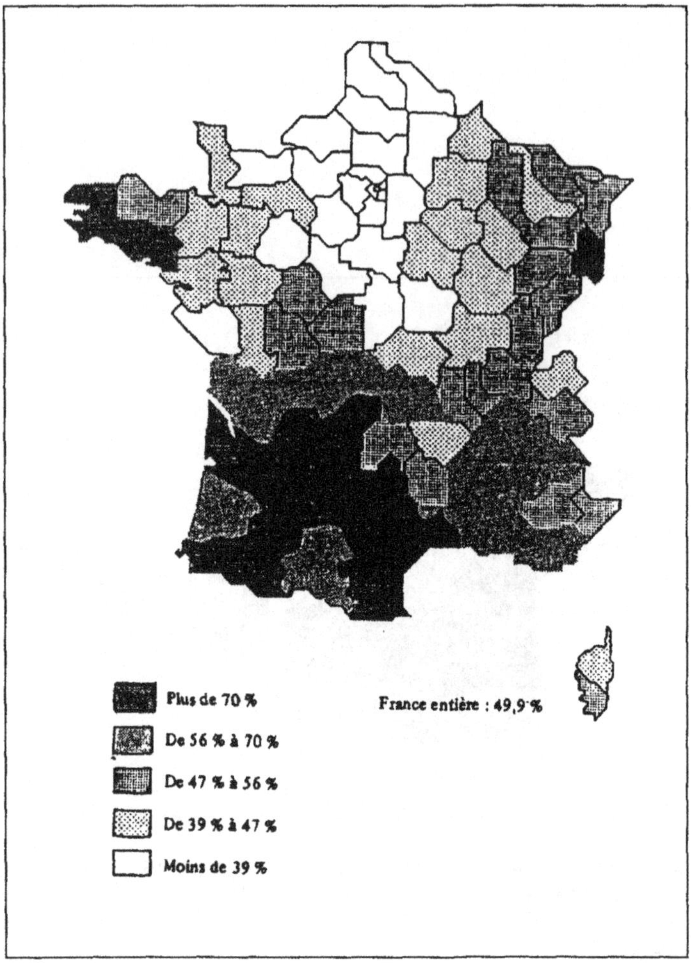

Carte 10 : Pourcentage de la S.A.U. départementale en faire-valoir direct en 1980.
Source : Conseil des Impôts, Dixième rapport relatif à la fiscalité locale, op. cité, p. 203.

Or, dans la plupart de ces départements, le faire-valoir direct est établi de longue date. Le fameux V de la sous-évaluation que dessine la carte des revenus cadastraux correspond à ces régions de l'Aquitaine, du Massif Central ou du Massif Armoricain où longtemps s'étaient maintenus les vieux statuts paysans. L'on retrouve donc dans une certaine mesure sur les cartes actuelles, la structure des systèmes agraires du milieu du XIXème siècle, celle d'une France partagée en système de propriété paysanne, de fermage et de grandes exploitations.

La cartographie des valeurs cadastrales est ainsi révélatrice d'une inertie historique certaine que les tendances contemporaines de l'économie agricole ne semblent modifier que très lentement. Mais cette impression ne doit pas faire illusion. Rappelons qu'entre 1942 et 1980, l'agriculture française est passée d'un système de petites exploitations à un système pour l'essentiel d'exploitations moyennes, de l'ordre de 20 à 50 hectares, d'un système de faire-valoir dominant à un système de fermage dominant. Or lorsque l'on examine dans le détail l'évolution du système d'exploitation, l'on voit que le V caractéristique de la carte des valeurs cadastrales correspond dans un premier temps à un V où la petite exploitation est dominante, puis aujourd'hui à un V où c'est l'exploitation moyenne qui domine le plus nettement les structures d'exploitation. La taxe sur le foncier non bâti est en fait le reflet de tendances beaucoup plus lourdes que celles qu'on perçoit habituellement.

L'interprétation de ce phénomène semble a priori purement technique et serait liée aux insuffisances des méthodes d'évaluation des valeurs locatives. Mais derrière la simple technique fiscale se cache certainement autre chose. Il faut attribuer une autre signification à cette permanence.

La première explication qui surgit à l'esprit renvoie à l'opposition classique entre villes et campagnes, au phénomène décrit, avec abondance, du contrôle et de la maîtrise urbaine de la campagne et en l'espèce à son image fiscale. Le rapport ville/campagne est en effet souvent décisif en ce qui concerne la compréhension et l'analyse du territoire rural. Les travaux des historiens montrent depuis longtemps la domination qu'exerçaient la noblesse et la bourgeoisie urbaine par l'acquisition de grandes propriétés foncières à la campagne.

Depuis des siècles, "ce sont d'innombrables représentants du capitalisme, des propriétaires rentiers, des industriels ou des financiers, agissant à partir des centres urbains" (et en particulier

Paris) " ou, dans le cas des gros fermiers, de l'intérieur même des campagnes, qui imposent au XIXème siècle" (mais en fait la réflexion est générale) "leur marque sur l'espace des régions agricoles les plus riches, en voie de révolution économique par la modernisation des méthodes de culture ou par la spécialisation des produits" (283). Si on prend comme exemple le sud de la région parisienne, on s'aperçoit, dans les départements entre Seine et Loire, que le rapport entre les valeurs locatives et les loyers réels à l'hectare est parmi les plus réduits. Or on connaît dans cette région de la Beauce l'importance des très grandes propriétés. Chaque ville a ici ses propres zones d'influence, qui sont déterminées par le poids démographique et social des groupes d'acheteurs urbains combinés avec les effets de la distance.

Un rapprochement entre la situation des très grandes exploitations, dont on connaît la concentration dans le bassin parisien, la vitesse des déplacements en 1780 et la répartition spatiale des valeurs cadastrales, confirme une certaine pertinence de notre intuition. Les valeurs fiscales constituent aujourd'hui encore un révélateur très net des évolutions économiques et sociales et en particulier de la domination politique et financière qu'exercent les centres urbains, et tout particulièrement le monstre parisien, sur leur plus ou moins proche campagne.

Mais l'explication est insuffisante et par trop datée historiquement. Depuis deux siècles, la grande propriété urbaine a très largement reflué et l'organisation agraire des exploitations agricoles ne correspond plus guère à ce vieux schéma plutôt élimé.

En fait, historiquement, les structures juridiques de la taxe foncière affirment plutôt l'idée d'une détaxation, d'une réduction accordée à **l'exploitation** agricole marchande opposée à la **propriété** foncière, dont l'une des causes originaires se trouvait dans la domination urbaine exercée sur le monde paysan, cause aujourd'hui dépassée. Car par-delà ce pouvoir du bourgeois, il s'avère surtout que le développement de l'exploitation agricole marchande a en fait été implicitement favorisé par un impôt s'appliquant prioritairement au propriétaire, frappant par

---

283. BERGERON (L.), L'investissement de l'espace par le capital, in *Histoire de la France*, vol. I L'espace français, Paris, Le Seuil, 1989, 669 p., p. 293.

conséquent l'agriculteur proportionnellement à la part des terres détenues en faire-valoir direct (de sorte qu'en général les plus petites exploitations paysannes étaient aussi le plus lourdement taxées en valeur relative), ces terres qui impliquaient par ailleurs un investissement financier qui obérait d'autant les capacités d'investissement productif ; l'impôt, au contraire, détaxait le capital d'exploitation et avantageait d'autant les exploitations engagées à plein dans la course à la productivité, dans la lutte pour la survie économique.

La taxe foncière apparaît ainsi enfin sous son jour réel, actuel ; *elle est un accélérateur de la concentration des exploitations, un accélérateur à la fois ancien et pourtant toujours actif, un très vieil instrument, plus ou moins efficace, de la politique agraire de l'Etat, d'une politique orientée depuis près de deux siècles vers l'accroissement des subsistances et l'ouverture de l'entreprise agricole sur les circuits marchands.* L'impôt foncier, cette vieille antiquité inventée par les physiocrates du siècle des lumières produit toujours quelques effets, malgré le temps passé ! Et cette nouvelle jeunesse s'explique pour l'essentiel par l'apparition d'une agriculture d'entreprise, au sens que la théorie économique donne à ce terme, une agriculture que nos ancêtres ne pouvaient imaginer mais dont leurs idées étaient déjà implicitement porteuses. La longue exemption, et pour cause, dont ont bénéficié les installations en hors-sol, peut-être les plus caractéristiques d'une combinaison des facteurs de production allant dans le sens de l'autonomisation de l'entreprise agricole, confirmera s'il en est besoin cette idée.

Certes, la sous-évaluation des valeurs locatives des propriétés en faire-valoir direct compense pour partie la quasi-exonération ou très large sous-imposition des exploitants en fermage qui ne payent en moyenne, du fait des possibilités pour les propriétaires de répercuter l'impôt, que 32 % du montant total des cotisations de taxes foncières sur les propriétés non bâties (284), avec de fortes variations locales. En 1987 par exemple, le total du produit des taxes foncières sur les propriétés non bâties perçues sur les terres

---

284. CONSEIL DES IMPOTS, *Dixième rapport au Président de la République relatif à la fiscalité locale*, op. cité, p. 211.

agricoles était de l'ordre de 8,09 milliards de Francs. Sur ce total, la part payée par les exploitants agricoles, propriétaires ou locataires, était de 4,9 à 5,2 milliards de Francs selon les hypothèses de calcul. Sur ce sous-total, entre 1,09 milliard et 1,35 milliard de francs ont été répercutés sur les fermiers en application, soit du statut des baux ruraux, soit des dispositions contractuelles liant fermiers et propriétaires. Cela signifie que l'impôt supporté par les fermiers représente environ un tiers et un quart de celui supporté par les propriétés en faire-valoir direct. En fait, la sous-évaluation du revenu des propriétés en faire-valoir direct, qui a des origines essentiellement techniques, a permis simplement de ralentir l'effet d'accélération de l'impôt.

A l'inverse, dans les zones du Nord-Est et Nord-Ouest où le fermage est aujourd'hui dominant, la taxation d'une rente foncière proche du prix de location du marché permet une consolidation de l'entreprise agricole marchande. Cet apparent paradoxe tient tout simplement à ce que la terre n'est plus conçue aujourd'hui comme un patrimoine à mettre en valeur mais, au travers de son usage, comme un élément de l'entreprise agricole ; ce droit d'usage s'analyse comme un élément d'actif incorporel de l'exploitation dont la valeur est déterminée par des pas-de-porte, qui tels ceux, licites, qui existent en matière commerciale, constituent le prix du droit au renouvellement du bail ou du droit de cession de ce dernier (285). Deux explications peuvent ici être proposées.

En premier lieu, dans les régions de propriété divisée des bailleurs (le Nord-Est essentiellement), la taxe foncière est le plus souvent sans incidence sur les locataires car le poids financier de l'impôt est insuffisant pour que les bailleurs le répercutent sur leurs locataires (ou, le cas échéant, la répercussion ne sera que modérée) ; surtout, la multiplicité des baux qu'implique une propriété divisée assure au locataire une prééminence économique ; la perte d'une parcelle n'est en général pas susceptible de mettre en

---

285. Sur l'évolution en ce sens du droit rural, v. HUDAULT (J.), Propriété et exploitation : l'évolution de la législation agricole, *Etudes foncières*, 1985, n° 27, p. 28 ; BARTHELEMY (D.), Le patrimoine professionnel en agriculture, in *Un droit inviolable et sacré : la propriété*, op. cité, p. 260.

cause l'équilibre économique de l'exploitation (286). La propriété terrienne remplit surtout dans ce cas de figure une fonction de réserve, de refuge patrimonial et n'est guère considérée que comme une source de revenu tout à fait accessoire. Dans ces cas, la taxe foncière ne pèsera guère sur l'effort d'investissement productif de l'exploitant.

En second lieu, dans les secteurs de propriété concentrée des bailleurs et des agriculteurs, l'Ouest pour l'essentiel, la taxe foncière participe directement au laminage des revenus fonciers, ce qui peut impliquer deux types d'attitudes. Tout d'abord, le propriétaire est susceptible d'exercer une pression sur son locataire ; il répercutera plus ou moins intégralement la taxe sur ce dernier dont les coûts de production seront alourdis d'autant ce qui impliquera la recherche de nouveaux gains de productivité par l'exploitant. Mais surtout, le propriétaire est aussi susceptible de se désengager de ses capitaux terriens ; on assistera alors à la mise en vente d'unités foncières plus ou moins importantes et leur acquisition par des exploitants agricoles ; à terme, l'élimination des entreprises les moins productives devrait alors conduire, du fait de l'exode rural, des départs à la retraite, des donations et autres partages successoraux à une situation de propriété divisée et un marché des locations dominé par les locataires. L'apparition de pas-de-porte dans ces régions est d'ailleurs un révélateur de cette évolution en cours (287).

En d'autres termes, il nous semble légitime de voir *une relation toute privilégiée entre l'impôt foncier, le fermage et la pleine propriété* c'est-à-dire les principaux modes de faire-valoir des espaces ruraux. Cette relation n'est pas seulement d'ordre purement technique, purement juridique. *Elle repose aussi et surtout sur des*

---

286. BARTHELEMY (D.), Le faire-valoir indirect ou l'association conflictuelle du propriétaire et de l'exploitant, *Economie Rurale*, 1980, n° 140, p. 45 ; v. également BARTHELEMY (D.), RAMAZ (D.), La montée des pas-de-porte en agriculture, *Etudes foncières*, 1986, n° 32, p. 54.

287. En ce sens LEVESQUE (R.), Les caractéristiques régionales du marché foncier agricole et ses enjeux, *Economie Rurale*, 1987, n° 181, p. 32 ; BARTHELEMY (D.), RAMAZ (D.), La montée des pas-de-porte en agriculture, art. cité.

évolutions sociales et économiques anciennes et surtout globales, en ce qu'elles concernent non seulement la société rurale mais toute la société française, transformations qui seules expliquent pleinement la réalité contemporaine. Car l'évolution de la structure foncière des exploitations est conditionnée dans une très large mesure par "la forme et le niveau de l'environnement économique général du département", une structure foncière qui traduit la forme dans l'espace "de l'intégration des campagnes à l'ensemble de la formation socio-économique française" (288). Cette intégration est bien évidemment variable selon les lieux, selon les hommes, elle implique de profondes différences selon les régions, elle est plus accentuée dans la France du Nord, celle de la charrue, celle du vieil assolement triennal, elle se heurte à une certaine résistance dans la France du Sud-Ouest et du Midi, celle de l'araire, celle de la sole biennale, disparités dans l'unité qui sont constitutives de notre identité peut-être la plus profonde.

L'introduction du mode de production, du rationalisme marchand, pour ne pas user du terme si galvaudé de capitalisme, dans le monde paysan, la dissociation progressive entre propriété juridique et exploitation économique de la terre au travers de l'émergence de l'agriculture d'entreprise, sont socialement à la fois l'une des causes premières de la réforme de la fiscalité foncière de l'ancien régime, sous l'empire de laquelle nous vivons encore aujourd'hui peu ou prou, et l'explication toujours actuelle des effets économiques de la taxe foncière. Elle démontre si besoin en est la profonde unité d'un système économique et social global enferré dans des mécanismes de valorisation de la nature qui impliquent par eux-mêmes la destruction de cette dernière. Car ce mode de production, cette agriculture marchande, insérée dans un énorme conglomérat agro-alimentaire, n'est-il pas aussi à l'origine de la dégradation progressive de notre environnement ?

Si, comme nous le pensons, c'est bien au travers de l'évolution des structures foncières de l'exploitation rurale que se rejoignent la taxe sur les propriétés foncières non bâties et la gestion des espaces ruraux, cette analyse des rapports qu'entretiennent la superstructure fiscale et la société nous renvoie en fin de compte à la question

---

288. REY (V.), L'évolution des modes de faire-valoir, *Etudes foncières*, 1986, n° 30, p. 22.

cruciale du caractère patrimonial ou marchand de la gestion des biens d'environnement dont on sait à quel point elle est déterminante pour la sauvegarde de la planète et de ses habitants. Et c'est là une problématique bien plus générale, de la longue durée, qui concerne les fondements économiques et, en définitive, la nature même de notre société.

EN GUISE DE CONCLUSION

"Le but secret de l'histoire, sa motivation profonde, n'est-ce pas l'explication de la contemporanéité" écrivait F. BRAUDEL en citant M. BLOCH (289). Quoi de plus vrai au regard de notre propos ?

La mise en place de la taxe sur le foncier non bâti est en relation directe avec la montée du capitalisme, de l'individualisme agraire qu'ont connu les XVIIIème et XIXème siècles, en particulier dans tout le bassin parisien. Surtout, elle est fille des nouvelles idées sur lesquelles va se fonder l'organisation des rapports de production dans notre société occidentale, une idéologie qui exprime toute l'ambition, toute la légitime assurance d'une classe sociale sûre de son bon droit, une classe dont est issue l'économie de marché, cette économie du désir et de la jouissance matérielle qui est aussi et surtout une économie de l'exploitation et de la domination de la nature comme de l'homme. Dans un tel contexte, la taxe foncière apparaît dans toute sa modestie comme un simple élément de la superstructure juridique qui coiffe, comme la cerise plantée sur le gâteau, un énorme mouvement, une gigantesque vague de fond, qui emporte notre économie agricole et toute notre société depuis plusieurs siècles déjà. Ignorer notre passé, c'est aussi obérer l'avenir de notre agriculture et le temps présent a besoin tant de l'un que de l'autre.

Si bien qu'en définitive, il faut s'interroger sur la pertinence et la sincérité des critiques adressées à cet impôt. Est-il la bonne cible, est-ce donc la taxe foncière qu'il faut condamner pour des excès auxquels certes elle apporte une contribution, mais dont est surtout responsable une politique agricole productiviste conçue comme seule méthode rationnelle de gestion des espaces ruraux ? Et dès lors, s'il faut envisager une mutation du droit, elle est indispensable car la logique de la taxe foncière est par trop étrangère aux objectifs de rendement et de justice assignés à notre système fiscal contemporain, ne faudrait-il pas l'envisager dans le sens d'une

289. In *Civilisation matérielle, économie et capitalisme*, op. cité, vol. III Le temps du monde, p. 537.

réforme de la conduite de l'agriculture pour une nouvelle gestion des espaces ruraux ? Autrement dit, quelle agriculture pour quels espaces ruraux, quelle fiscalité pour quel environnement ? On l'avouera, le débat est vaste et surtout loin d'être clos.

Ce constat élémentaire éclaire d'une lumière crue et nouvelle les ambiguïtés et les interrogations qui entourent ce qu'un astronome appellerait la conjonction des réformes. L'actuel projet de remplacement de la taxe foncière par une taxe sur la propriété agricole (due par le propriétaire) et par une taxe sur les activités agricoles à la charge des exploitants, assise sur la valeur ajoutée moyenne de l'exploitation, ne peut en effet être apprécié sans référence à la réforme de la P.A.C. et son "écologisation", un "verdissement" qui apparaît comme l'ultime pirouette d'un système agricole productiviste à bout de souffle, qui pourtant n'a pas été bouleversé dans sa nature.

Dans son ancienne version, il est dans la logique profonde de la taxe foncière d'avantager d'abord et toujours plus les exploitations les plus productives, d'autant que les jachères seront exonérées d'impôt. La course au rendement, la course à la concentration des exploitations dont dépendront pour une bonne partie encore l'évolution du revenu agricole, pourront se poursuivre du point de vue fiscal sans guère d'encombre. Notre environnement en fera toujours les frais.

Dans sa version réformée, les perspectives paraissent a priori plus complexes mais aussi sombres. Ainsi, quel sera le rendement (car l'impôt est d'abord conçu pour remplir les caisses de la personne publique), et surtout l'équité d'un système d'imposition lorsque le revenu foncier ou la valeur ajoutée des exploitations sont nuls ou très faibles du simple fait du recul et de l'extensification de l'activité agricole dans les vastes zones menacées de déprise ? Et puis, si la course au rendement se poursuit ailleurs, l'augmentation probable des charges de structure ne va-t-elle pas entraîner aussi une diminution mécanique de la valeur ajoutée moyenne et par conséquent une réduction de l'impôt dû par les exploitants les plus productivistes ? Dès lors, ne vaudrait-il pas mieux faire mourir la taxe foncière en multipliant encore exonérations et abattements jusqu'à vider lentement l'impôt de son sens, ambition des pouvoirs publics que l'évolution récente de l'impôt laisse soupçonner.

Mais qu'en sera-t-il alors de la finance de nos plus petites communes rurales ? Faudra-t-il faire appel une fois de plus à la solidarité nationale, à l'Etat ou aux autres collectivités territoriales grâce à un nième mécanisme de péréquation, au risque de rendre nos finances locales complètement ingérables, ce qui n'est pas loin d'être déjà presque le cas aujourd'hui ? En fin de compte, est-il décidément possible de faire l'économie d'une complète remise à plat de notre système administratif et financier local, et, par répercussion, national aussi ? Comme on le voit, les questions sans réponses ne manquent pas, auxquelles le législateur, s'il en a le courage politique, devra bien un jour porter la plus grande attention.

Qu'il soit alors permis, pour une fois, au fiscaliste d'espérer que cette conjonction des réformes correspond à ce rapport du droit et des situations économiques, politiques, sociales, psychologiques dans lequel L. FEBVRE voyait la condition du succès du "doreur de pilules" fiscal. Et pour aller plus avant encore, ce rêve n'implique-t-il pas au fond une nouvelle éthique de la terre, une nouvelle agriculture, et une fiscalité, qui seraient enfin soutenables (290), bâties non seulement sur un changement des modes de production agricole mais surtout sur une nouvelle attitude à l'égard de la nature, à l'égard de notre planète et de nos semblables, construite non sur un chimérique renversement des valeurs morales, sociales et économiques sur lesquelles repose notre civilisation mais sur cette écologie démocratique que L. FERRY appelle de ses voeux (291).

Ce songe sera-t-il un jour réalité ? Et si les querelles actuelles sur l'environnement, l'écologie, mais encore sur le partage des richesses ou du travail comme sur la protection des droits de l'Homme (ou de l'animal) et le devoir d'assistance humanitaire..., et si ces multiples frémissements dissimulaient une évolution plus profonde, plus globale, plus radicale de notre société dont la longue

---

290. V. en ce sens HAMILTON (N.), Produire demain, la création par le droit d'un devoir de protection de l'environnement pour l'agriculture américaine, *Revue de Droit Rural*, 1992, n° 203 p. 202 ; EDWARDS (C.A.) et alii, *Sustainable agricultural systems*, Ankeny, Soil and Water Society, 1990, 696 p..

291. FERRY (L.), *Le nouvel ordre écologique*, op. cité, p. 237 et s..

crise économique et politique que nous traversons depuis près de vingt années déjà serait l'indice le plus révélateur. Il y a quelques espoirs en ce sens car le contexte actuel n'est pas sans présenter une certaine analogie avec les débats qui agitèrent le siècle des lumières pour finalement jeter bas les rigidités s'opposant à l'évolution de nos sociétés occidentales : la discussion et la crise sont internationales, la controverse est politique et économique, son objet est moral, éthique et philosophique car c'est de la liberté, du statut de l'Homme et de sa société dont il est finalement question ; l'enjeu enfin est crucial, à savoir ni plus ni moins que la survie à terme de notre communauté ! La levure, le lent bouillonnement de l'histoire, celle de la longue durée, semble en fait toujours à l'oeuvre dans une société dont les excès ont provoqué de si graves déséquilibres écologiques que déjà leurs effets se ressentent dans les fluctuations du temps court. En fin de compte, le XXIème siècle sera-t-il aussi celui de l'indispensable réforme fiscale qu'impliquera ce "nouvel ordre écologique" (292) ?

---

292. Selon le titre du livre de FERRY (L.), op. cité.

BIBLIOGRAPHIE SOMMAIRE

- *Actes du Colloque Fiscalité-Environnement*, Année de l'Environnement, Paris, P.U.F., 1984, n° spécial, 335 p. ;

- ARDANT (G.), *Histoire de l'impôt*, Paris, Ed. Fayard, 1972, 870 p. ;

- ARDANT (G.), *Théorie sociologique de l'impôt*, Paris, SEVPEN, 1965, 1212 p. ;

- ASSOCIATION DES ETUDES FONCIERES, *Un droit inviolable et sacré : la propriété*, Paris, A.D.E.F., 1991, 360 p. ;

- BAIROCH (P.), Les trois révolutions agricoles du monde développé : rendements et productivité de 1800 à 1985, *Revue des Annales d'Histoire Economique et Sociale*, 1989, p. 317 ;

- BARBIER (P.), L'aménagement de l'Ill en question, in *Nos Rieds demain*, Bulletin de la Société industrielle de Mulhouse, 1989, n° 813, p. 185 ;

- BARTHELEMY (D.), BARTEZ (A.), Propriété foncière, exploitation agricole et aménagement de l'espace rural, *Economie Rurale*, 1978, n° 126, p. 6 ;

- BARTHELEMY (D.), BOINON (J.P.), Lutte de classe et rente foncière, cité in J.L. GUIGOU, *La rente foncière*, Paris, Economica, 1982, 954 p. ;

- BARTHELEMY (D.), Comment mesurer la valeur des terres, *Etudes Foncières*, 1985, n° 28, p. 3 ;

- BARTHELEMY (D.), Impôt foncier agricole : une disparition attendue, *Etudes Foncières*, 1990, n° 49, p. 6 ;

- BARTHELEMY (D.), Le revenu cadastral : une assiette contraire à l'imposition proportionnelle des valeurs ajoutées et revenus d'exploitation, *Revue Française de Finances Publiques*, 1990, n° 31, p 161 ;

- BARTHELEMY (D.), Propriété foncière et lutte de classe, *Economie Rurale*, 1977, n° 118, p. 47 ;

- BARTHELEMY (D.), RAMAZ (D.), La montée des pas-de-porte en agriculture, *Etudes foncières*, 1986, n° 32, p. 54 ;

- BELTRAME (P.), MEHL (L.), *Science et technique fiscales*, Paris, P.U.F., 1984, 786 p. ;

- BERGMANN (D.), BAUDIN (P.), *Politiques d'avenir pour l'Europe agricole*, Paris, I.N.R.A. Economica, 1988, 170 p. ;

- BERNARD (A.), JAKOB-BURCKEL (C.), La richesse floristique des prairies et milieux ouverts, in *Nos Rieds demain*, Bulletin de la Société industrielle de Mulhouse, 1989, n° 813, p. 77 ;

- BLOCH (M.), La lutte pour l'individualisme agraire dans la France du XVIIIème siècle, *Revue des Annales d'Histoire Economique et Sociale*, 1930, p. 329 et 511 ;

- BLOCH (M.), *Les caractères originaux de l'histoire rurale française*, Oslo, Aschehoug, 1931, 265 p. ;

- BODIGUEL (M.), *Le rural en question*, Paris, L'Harmattan, 1986, 183 p. ;

- BODIGUEL (M.), sous la direction de, *Produire et préserver l'environnement. Quelles réglementations pour l'agriculture européenne ?*, Paris, L'Harmattan, 1990, 197 p. ;

- BONNIEUX (F.), Approche économique de l'intensification, *Economie Rurale*, 1986, n° 171, p. 9 ;

- BRANDT (M.), FROEHLICHER (R.), KAYASSEH (M.), SCHENCK (C.), *Causes et effets des retournements de prairies dans la zone inondable de l'Ill*, CENTRE NATIONAL DE LA RECHERCHE SCIENTIFIQUE, Groupe P.I.R.E.N. EAU Alsace, Strasbourg, rapport dactyl., 1989, 20 p. ;

- BRAUDEL (F.), *Civilisation matérielle, économie et capitalisme, XVe-XVIIIe siècle*, Paris, A. Colin, 1979, vol. I 544 p., vol. II 599 p., vol. III 606 p. ;

- BRAUDEL (F.), *L'identité de la France*, Paris, Ed. France Loisirs, 1986, L. I Espace et Histoire 367 p., L. 2 Les hommes et les choses, vol. I 222 p. et vol. II 476 p. ;

- BRAUDEL (F.), LABROUSSE (E.), sous la direction de, *Histoire économique et sociale de la France*, vol. II 1660-1789, Paris, P.U.F., 1970, 779 p. ;

- BRUN (A.), L'évolution du prix de la terre et de la répartition de la propriété foncière agricole, *Economie Rurale*, 1973, n° 95, p. 3 ;

- BURCKEL (C.), *Inventaire et cartographie des sites d'intérêt écologique du Grand Ried Centre Alsace*, mémoire de maîtrise d'aménagement du territoire, U.E.R. de Géographie, Université L. Pasteur, Strasbourg, 1984, dactyl., 156 p. ;

- CARBIENER (R.), HERRSCHER (P.), Les Rieds, riches et fragiles espaces convoités, in *Nos Rieds demain*, Bulletin de la Société industrielle de Mulhouse, 1989, n° 813, p. 23 ;

- CARBIENER (R.), Le Grand Ried central d'Alsace : écologie et évolution d'une zone humide d'origine fluviale rhénane, *Bull. Ecologia*, 1983, vol. XIV, p. 249 ;

- CARBIENER (R.), Un exemple de type forestier exceptionnel pour l'Europe occidentale : la forêt du lit majeur du Rhin au niveau du fossé rhénan, *Revue Internationale de Phytosociologie, Ecologie et Phytogéographie*, 1970, vol. 20, p. 99 ;

- CAVAILHES (J.), Bilan de quinze ans de leadership marxiste, *Economie Rurale*, 1984, n° 160, p. 9 ;

- CENTRE NATIONAL DE LA RECHERCHE SCIENTIFIQUE, Groupe P.I.R.E.N. EAU Alsace, *Relations eaux de surface-eaux souterraines dans le bassin de l'Ill domaniale*, Strasbourg, rapport de recherche, dactyl., 1985, 124 p. ;

- CLOOTS-HIRSCH (A.R.), FROEHLICHER (R.), SCHENCK (C.), *Pratiques agricoles et milieu naturel : le cas du Ried central de l'Ill*, Strasbourg, 1986, rapport dactyl., 11 p. ;

- CLOOTS-HIRSCH (A.R.), Mécanisme et genèse des inondations du printemps 1983 dans le Ried central de l'Ill, *Mosella*, 1985, T. 15, n° spéc., p. 149 ;

- COMITE POUR L'HISTOIRE ECONOMIQUE ET FINANCIERE DE LA FRANCE, *Pour une renaissance de l'histoire financière : XVIIIème-XXème siècle*, Paris, Imprimerie Nationale, 1992, 572 p. ;

- COMITE POUR L'HISTOIRE ECONOMIQUE ET FINANCIERE DE LA FRANCE, *Etat, Finances et Economie pendant la Révolution française*, Paris, Imprimerie Nationale, 1991, 621 p. ;

- CONAN (J.), Les débuts de l'école physiocratique ; un faux départ : l'échec de la réforme fiscale, *Revue d'Histoire Economique et Sociale*, 1958, p. 45 ;

- CONSEIL DES IMPOTS, *Cinquième rapport au Président de la République relatif aux bénéfices agricoles*, Paris, Imprimerie Nationale, 1980, 117 p. ;

- CONSEIL DES IMPOTS, *Dixième rapport au Président de la République relatif à la fiscalité locale*, Paris, Imprimerie Nationale, 1989, 794 p. ;

- CONSEIL DES IMPOTS, *Huitième rapport au Président de la République relatif à l'imposition du capital*, Paris Imprimerie Nationale, 1986, 443 p. ;

- CONSEIL DES IMPOTS, *Onzième rapport au Président de la République relatif à l'impôt sur le revenu*, Paris, Imprimerie Nationale, 1990, 564 p. ;

- CONSEIL DES IMPOTS, *Quatrième rapport au Président de la République relatif à l'impôt sur le revenu*, Paris Imprimerie Nationale, 1979, 285 p. ;

- DUBY (G.), WALLON (A.), sous la direction de, *Histoire de la France rurale*, Paris, Ed. du Seuil, 1975, vol. I 620 p., vol. II 620 p., 1976, vol. III 568 p., vol. IV 667 p. ;

- EDELMAN (B.), Nature et sujet de droit, *Droits-Revue Française de Théorie Juridique*, 1985, p. 125 ;

- EDELMAN (B.), HERMITTE (M.A.), sous la direction de, *L'Homme, la nature et le droit*, Paris, Bourgois, 1988, 392 p. ;

- FERRY (L.), *Le nouvel ordre écologique. L'arbre, l'animal et l'homme*, Paris, Grasset, 1992, 275 p. ;

- GODARD (O.), Autonomie socio-économique et externalisation de l'environnement : la théorie néo-classique mise en perspective, *Economie Appliquée*, 1984, vol. XXXVII, n° 2, p. 315 ;

- GOUJARD (J.L.), Equilibre, crise, reproduction, *Economie Appliquée*, 1984, vol. XXXVII, n° 2, p. 347 ;

- GUIGOU (J.L.), *La rente foncière*, Paris, Economica, 1982, 954 p. ;

- HARSIN (P.), La théorie fiscale des physiocrates, *Revue d'Histoire Economique et Sociale*, 1958, p. 7 ;

- HERTZOG (R.), La fiscalité de l'environnement : notion et état du droit positif en France, *Actes du colloque Fiscalité et Environnement*, Année de l'Environnement, Paris, P.U.F., 1984, n° spécial, 335 p. ;

- HERTZOG (R.), Finances locales et environnement - Quelques réflexions sur un couple méconnu, *Revue Française de Finances Publiques*, 1985, n° 10, p. 23 ;

- HERTZOG (R.), et alii, *Taxation for environmental protection : a multinational legal study*, New York, Quorum Books, 1991, 243 p. ;

- HOBSBAWM (E.J.), Capitalisme et agriculture : les réformateurs écossais au XVIIIème siècle, *Revue des Annales d'Histoire Economique et Sociale*, 1978, p. 580 ;

- HUDAULT (J.), Propriété et exploitation : l'évolution de la législation agricole, *Etudes Foncières*, 1985, n° 27, p. 28 ;

- ISAIA (H.), SPINDLER (J.), Fiscalité, environnement et régulation du système économique, *Revue Française de Finances Publiques*, 1985, n° 10, p. 69 ;

- JAKOB-BURCKEL (C.), NEUMULLER (C.), L'évolution de l'agriculture riedienne ou l'analyse d'un engrenage, in *Nos Rieds demain*, Bulletin de la Société industrielle de Mulhouse, 1989, n° 813, p. 61 ;

- JESSENE (J.P.), Le pouvoir des fermiers dans les villages d'Artois, *Revue des Annales d'Histoire Economique et Sociale*, 1983, p. 702 ;

- JOLLIVET (M.), MATHIEU (N.), sous la direction de, *Du rural à l'environnement*, Paris, L'Harmattan, 1989, 354 p. ;

- JORLAND (G.), Le problème Adam Smith, *Revue des Annales d'Histoire Economique et Sociale*, 1984, p. 831 ;

- KISS (A.), sous la direction de, *L'écologie et la loi : le statut juridique de l'environnement*, Paris, L'Harmattan, 1989, 391 p. ;

- LE ROY LADURIE (E.), Un modèle septentrional : les campagnes parisiennes, *Revue des Annales d'Histoire Economique et Sociale*, 1975, p. 1397 ;

- LEVESQUE (R.), Les caractéristiques régionales du marché foncier agricole et ses enjeux, *Economie Rurale*, 1987, n° 181, p. 32 ;

- MOSSER (F.), *Les intendants des finances au XVIIIème siècle*, Genève, Droz, 1978, 327 p. ;

- PETIT (M.), Evolution de l'agriculture et caractère familial des exploitations, *Economie Rurale*, 1975, n° 106, p. 45 ;

- POUGHON (J.M.), Les fondements juridiques de l'économie politique, *Journal des Economistes et des Etudes Humaines*, 1990, p. 399 ;

- QUESNAY (F.), *Tableau économique des Physiocrates*, Paris, Calman Levy, 1969, 270 p. ;

- RENOUX-ZAGAME (M.F.), Du droit de Dieu au droit de l'homme : sur les origines théologiques du concept moderne de propriété, *Droits-Revue Française de Théorie Juridique*, 1985, p. 17 ;

- RETAT (P.), La jouissance physiocratique, in *Ordre, nature, propriété*, Lyon, Presses Universitaires de Lyon, 1985, 290 p. ;

- REY (D.), L'évolution des modes de faire-valoir, *Etudes Foncières*, 1986, n° 30, p. 22 ;

- ROUX (J.M.), Enfermée dans ses contradictions, la politique agricole ignore le rôle de l'agriculture sur l'environnement, *Economie Rurale*, 1972, n° 94, p. 3 ;

- RULLIERE (G.), Les rapports entre agriculture et écosystèmes, *Economie Rurale*, 1978, n° 127, p. 7 ;

- SAINTENY (G.), *La fiscalité de l'espace naturel en France - Essai de diagnostic et propositions de réformes d'après l'exemple des zones humides*, Paris, ministère de l'Environnement, Direction de la Protection de la Nature, 1991, rapport dactyl., 125 p. ;

- SCHMITT (T.), *Cartographie fiscale de l'environnement : l'exemple du Grand Ried Centre Alsace*, Strasbourg, CENTRE NATIONAL DE LA RECHERCHE SCIENTIFIQUE, 1990, rapport de recherche, dactyl., 191 p. ;

- SCHMITT (T.), Fiscalité et environnement : l'impôt, la forêt et le marais, *Revue Française de Finances Publiques*, 1985, n° 10, p. 49 ;

- SCHMITT (T.), Fiscalité forestière et protection de la forêt, in SOCIETE FRANÇAISE POUR LE DROIT A L'ENVIRONNEMENT, *L'environnement et la forêt*, Trevoux, Publications Périodiques Spécialisées, 1984, p. 196 ;

- SCHMITT (T.), *Fiscalité, espace rural et politique de l'environnement*, Strasbourg, 1986, rapport dactyl., 20 p. ;

- SCHMITT (T.), Les fiscalités sectorielles et locale ont-elles des effets néfastes sur les usages et les modes de gestion des espaces naturels ?, in *Le droit et l'environnement*, Paris, Ed. du C.N.R.S., 1990, p. 141 ;

- SCHMITT (T.), Gestion de l'environnement, taxe sur le foncier non bâti et modes de faire-valoir, *Economie Rurale*, 1992, n° 208-209, p. 129 ;

- SCHNERB (R.), Technique fiscale et partis pris sociaux : l'impôt foncier en France depuis la Révolution, *Revue des Annales d'Histoire Economique et Sociale*, 1938, p. 116 ;

- SERVOLIN (C.), L'absorption de l'agriculture dans le mode de production capitaliste, in *L'univers politique des paysans*, Paris, A. Colin, 1972, p. 41 ;

- SIEGWALT (P.), La faune des Rieds : originalité, évolution, menaces, in *Nos Rieds demain*, Bulletin de la Société industrielle de Mulhouse, 1989, n° 813, p. 125 ;

- SOCIETE FRANÇAISE POUR LE DROIT A L'ENVIRONNEMENT, *Agriculture et Environnement*, Trevoux, Publications Périodiques Spécialisées, Trevoux, 1981, 353 p. ;

- STEINER (F.), Protéger nos derniers Rieds, in *Nos Rieds demain*, Bulletin de la Société industrielle de Mulhouse, 1989, n° 813, p. 21 ;

- TIREL (J.C.), Le débat sur le productivisme, *Economie Rurale*, 1983, n° 155, p. 23 ;

- TURGOT (A.R.), Réflexions sur la formation et la distribution des richesses, 1776, cité in GUIGOU (J.L.), *La rente foncière*, Paris, Economica, 1982, 954 p. ;

- WEULERSSE G., *Le mouvement physiocratique en France*, Paris, rééd. Mouton, 1968, vol. I 617 p., vol. II 768 p..

TABLE DES MATIÈRES

ECOLOGIE & ENVIRONNEMENT

ALLAN MICHAUD J.	*L'avenir de la société alternative (Coll. Logiques Sociales), 382p*..
BAROUCH Michel	*La décision en miettes, systèmes de pensée et d'action à l'oeuvre dans la gestion des milieux naturels (Préf. Crozier), 240p*..
BERTOLINI Gérard	*Le Marché aux ordures (Coll. Environnement), 208p*..........
BODIGUEL Maryvonne	*Le rural en question (Coll. Alternatives Paysannes), 184p*.....
BODIGUEL Maryvonne	*Produire et préserver l'environnement. Quelles réglementations pour l'agriculture européenne (Doss. Environnement), 203p*..
CADORET	*Protection de la nature. Histoire de la nature et l'environnement, 245p*...
Collectif	*Rencontre Europe/Afrique, Pas de visa pour les déchets - Vers une solidarité Afrique/Europe en matière d'environnement, 222p*...
DUCLOS Denis	*Les industriels et les risques pour l'environnement, 1991, 239p*..
KISS Alexandre	*L'écologie et la loi: le statut juridique de l'environnement (Coll. Environnemment), 390p*................
REVERET Jean-Pierre	*La pratique des pêches. Comment gérer une ressource renouvelable (Coll. Environnement), 1991, 198p*...............
ROCHARD J.J.	*Pour une écologie majeure. Apologie du plaisir d'être, 204p*..

525560 - Mars 2013
Achevé d'imprimer par
1livre.com
du rêve à la réalité !